新规范版

PKPM2010 结构 CAD 软件
应用与结构设计实例

李永康　马国祝　编著

机械工业出版社

本书以 PMCAD 建立模型和 SATYWE 结构计算这两个最常用的软件为主线，从"设计流程的控制、模型的准确建立、参数的合理选取、结果的可靠分析、构件的优化设计"五个方面深入浅出地阐述了工程从建模开始到施工图绘制的全过程。本书不仅仅是一般结构软件的快速入门指导，而是通过不同结构体系的经典范例结合新规范条文，一方面使广大的结构设计人员在掌握软件操作的同时，加深对规范条文的理解和参数的合理选取；另一方面，通过对经典范例的学习，有助于设计人员在短时间内掌握不同结构体系的总体布置和设计原则，少走弯路，是提高结构设计水平的一条捷径。

本书可供建筑结构设计人员、施工图审查人员阅读，也可供土木工程专业大专院校的学生作为结构设计的参考书。

图书在版编目（CIP）数据

PKPM2010 结构 CAD 软件应用与结构设计实例/李永康，马国祝编著. —北京：机械工业出版社，2012.7（2018.7 重印）
ISBN 978 - 7 - 111 - 38627 - 8

Ⅰ.①P… Ⅱ.①李…②马… Ⅲ.①建筑结构 – 计算机辅助设计 – 应用软件 Ⅳ.①TU311.41

中国版本图书馆 CIP 数据核字（2012）第 116573 号

机械工业出版社（北京市百万庄大街 22 号　邮政编码 100037）
策划编辑：薛俊高　责任编辑：薛俊高
版式设计：霍永明　责任校对：陈秀丽
封面设计：马精明　责任印制：常天培
北京京丰印刷厂印刷
2018 年 7 月第 1 版·第 9 次印刷
210mm×285mm·11.75 印张·354 字
标准书号：ISBN 978 - 7 - 111 - 38627 - 8
定价：46.00 元

前　言

随着国标《建筑抗震设计规范》GB 50011—2010（简称《抗规》）、《混凝土结构设计规范》GB 50010—2010（简称《混规》）、《高层建筑混凝土结构技术规程》JGJ 3—2010（简称《高规》）的相继实施，在国内设计院拥有众多用户的 PKPM2010 新规范版也于 2011 年 3 月 31 日正式在全国范围内升版。目前广大设计人员对陆续实施的结构系列规范和 PKPM2010 新规范版本设计软件有着深入学习的强烈要求，但又苦于没有太多途径进行系统学习，为此编写了这本入门书，希望通过本书的学习，不但使结构设计人员在短期内快速掌握 PMCAD 软件的使用，而且能又快又好地做出结构设计。

本书不仅仅是一般结构软件的快速入门，而是通过完整的经典范例并结合新规范条文从"设计流程的控制、模型的准确建立、参数的合理选取、结果的可靠分析、构件的优化设计"五个方面深入浅出地阐述了工程从建模开始到施工图绘制的全过程，对建模中一些不确定参数进行了深入分析并同时给出一些合理化建议，节省了设计人员建模时间，并避免做大量的无用功。同时，对软件的计算结果进行了分析，对不满足要求的结果给出了调整的办法。

1. 设计流程的控制

设计不同时段，侧重点是不同的：建模阶段重点在体系的选择、荷载的收集、截面的确定；计算阶段重点在计算参数的选取、结果的可靠分析、构件的优化设计；施工图阶段重点在抗震构造措施是否得当、重点部位是否采取加强措施等。

2. 模型的准确建立

结构模型相当于一个人的骨架，也是结构设计中最重要的部分，不真实的模型建得再好也只是空中楼阁，不能应用于实际工程。因此首先要保证结构简化模型最大程度地接近设计的建筑，《抗规》第3.6.6 条规定："计算模型的建立、必要的简化计算与处理，应符合结构的实际工作状况"；其次施加于模型上的荷载必须准确无误，没有漏项和缺项；最后强调一点，结构模型承担着为各种后续计算模型提供计算所需的数据文件的重任，需经多次调整，达到最优方可进行下一步的设计。

3. 参数的合理选取

对于一个新建工程，要利用 PKPM CAD 系列软件进行结构设计，最关键的一步就是参数的合理选取，PKPM 系列结构软件中参数基本有三类：一类是隐含参数（无法修改），另一类是多选项参数（由设计人员任选其一），还有一类是必填参数（重点关注）。设计人员如果不明白这些参数的含义而随意选取或按软件的默认值，其计算结果将是十分危险的。

4. 结果的可靠分析

《高规》5.1.16 条和《抗规》3.6.6 均明确规定："对结构分析软件的计算结果，应进行分析判断，确认其合理、有效后方可作为工程设计的依据"。如何判断？本书以规范为依据，结合 SATWE 软件计算结果的七个比值，从控制结构的扭转效应和竖向不规则性，结构的整体稳定性和延性出发，依据多年设计经验，对结构体系和布置进行总体评议，并给出合理化建议。结构软件是一把双刃剑，只有掌握了它，为我所用，才能如虎添翼，但也不能完全依赖计算机，设计人员切勿掉以轻心。

5. 构件的优化设计

结构设计的宗旨是保证结构的安全，同时要满足使用要求和经济合理，要达到这些目标，就必须对结构及构件进行优化设计。事实上，结构设计人员在进行结构设计过程中所进行的结构布置和构件截面的调整，都是在寻求一种合理的结构刚度，达到结构的最优布置和构件的经济配筋。

目前我国建设项目有着"超高层，复杂结构，设计周期短"的特点，作为一名结构设计人员，熟练运用软件进行结构设计已经成为一种基本技能，但也必须加强概念设计和规范知识的学习，有人说

"结构设计就像刀尖上的舞蹈",也有人说"结构设计就像走路吃饭一样简单",随着计算机结构软件的全面应用,甚至有些人认为做结构就是"规范+平法图集+结构软件",但只要是做了十几年以上设计的人都有一个共同的感觉:做结构不易,做出好的结构更难。我认为,结构工程师更像是一位"冰上的舞者",花样滑冰之所以被人们赞为世上最美的运动,是因为其技术与艺术两方面的完美结合,纵观历史上经典的建筑,无一不是力与美的表现。因此,作为一名结构设计人员,要想在这一领域有所成就,从一开始做结构就应时时铭记:"规范是指导,概念是灵魂,软件是手段,创新是目的"。

特别需要指出的是,PKPM CAD 工程部对该软件拥有最终解释权。程序的版本是不断更新的,本书以 2011 年 3 月 31 日版本为准,软件升级后相关参数与本书不符部分,以其解释为准。

本书在编写过程中采用的经典范例均取自傅学怡大师编写的《实用高层建筑结构设计》(第 2 版)一书,由参编人员建立模型。这里要特别感谢日照施工图审查中心领导及同仁对本人在写书过程中的大力支持,感谢机械工业出版社的薛俊高先生帮助策划、定稿、鼓励和鞭策,感谢我的女儿佳男在寒假期间帮助编辑整理了本书中所有的插图。限于本人的水平,书中内容缺点错误在所难免,恳请专家同行批评指正。

2012 年 3 月 12 日于日照

目　　录

第1章 结构施工图设计流程及方法

任何一套完整的建筑工程施工图都是建筑、结构、设备等各个专业相互配合的结果，小到一栋住宅，大到一幢超高层的写字楼，结构设计人员都必须做到：一方面要满足建筑功能的需要，另一方面要密切配合设备专业，预留穿墙洞口，考虑设备基础荷载及管道的位置等。因此，为了节省设计时间，把建筑工程最大限度做到"尽善尽美"，设计人员在准备结构设计之初，首先需要明白结构设计的有效流程和步骤，以避免做许多无用功。

1.1 结构设计总流程

一般钢筋混凝土结构工程设计基本上都经过以下几个步骤（见图 1.1.1）：

（1）准备必需的资料、规范、手册和图集等。

1）必备结构规范

《建筑结构可靠度设计统一标准》GB 50068—2001 简称《可靠度标准》

《建筑结构荷载规范》GB 50009—2001（2006 年版）简称《荷载规范》

《建筑抗震设计规范》GB 50011—2010 简称《抗规》

《建筑工程抗震设防分类标准》GB 50223—2008 简称《抗震分类标准》

《混凝土结构设计规范》GB 50010—2010 简称《混规》

《高层建筑混凝土结构技术规程》JGJ 3—2010 简称《高规》

《建筑地基基础设计规范》GB 50007—2002 简称《基础规范》

《钢结构设计规范》GB 50017—2003 简称《钢规》

2）必备图集

　　平法图集　11G101—1（现浇混凝土框架、剪力墙、梁、板）

　　　　　　　11G101—2（现浇混凝土板式楼梯）

　　　　　　　11G101—3（独立基础、条形基础、筏形基础及桩基承台）

抗震构造图集　11G329—1（多层和高层钢筋混凝土房屋）

　　　　　　　11G329—2（多层砌体房屋和底部框架砌体房屋）

　　　　　　　11G329—3（单层工业厂房）

3）必备手册

　　　　　《实用建筑结构静力计算手册》

　　　　　《混凝土结构构造手册》（第三版）

　　　　　《PMCAD 用户手册》（2010 版）

　　　　　《SATWE 用户手册及技术条件》（2010 版）

　　　　　《全国民用建筑工程设计技术措施-结构》（2009 年版）

　　　　　《钢结构设计手册》（第三版）（上、下册）

（2）依据建筑专业提供的条件，了解项目所在地区，确定与地震作用有关的参数，包括抗震设防烈度、设计基本地震加速度、地震分组、基本风压、基本雪压等；研读勘察报告，了解地基情况，为后续基础设计做准备。

（3）根据项目性质判定建筑工程的抗震设防类别。我国在总结了汶川大地震的经验教训后，修订了《建筑工程抗震设防分类标准》，按照新标准对"学校、医院、体育场馆、博物馆、文化馆、图书馆、影剧院、商场、交通枢纽等人员密集的公共服务设施，应当按照高于当地房屋建筑的抗震设防要求进行设计，增强抗震设防能力"的要求，提高了某些建筑的抗震设防类别。设计时一定要搞清楚建筑的功能，以便准确选定所做结构的抗震等级，及采取相应的抗震措施。

（4）读懂建筑专业提供的图纸及文件，确定结构的总高度、宽度、层数和高宽比等总体信息。

（5）初步确定结构形式和结构体系。依据前面（2）~（4）条信息及业主的意见，选择结构形式，对于从事设计不长时间的设计人员来说，尽量按照"就低不就高"的原则，能用框架就不要用剪力墙，能用剪力墙就不要用框筒。但如何确认自己选择的结构体系是否合适呢？英国的结构工程师 Malcolm Millais 在他的著作《建筑结构原理》中讲到，"任何结构的成功设计都需要对下列两个问题给出满意的答案：①结构强度够吗？②结构刚度够吗？"，如果在竖向荷载和水平荷载作用下结构的强度和刚度同时满足规范的要求，说明选择的体系是合适的，否则应调整结构体系。这需要具备一定的手算能力和基本的结构力学概念。

（6）初步确定结构竖向构件和水平构件的布置。

（7）通过结构软件初步建模，进行总体计算分析。

（8）分析计算结果，通过多次调整和重复计算后，结构总体控制参数及构件配筋基本满足规范要求。

（9）对单构件进行截面优化。

（10）最后完成施工图的绘制。需要提醒设计人员记住的是"施工图就是设计人员的语言，因此你画的不是图，画的是细节。一个不注重细节的人，最多算得上是个绘图员，而不是结构师"。

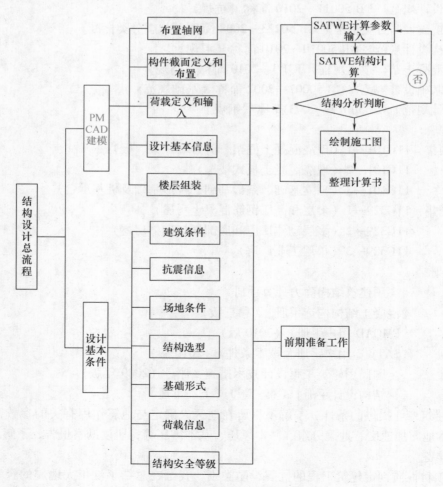

图 1.1.1　结构设计总流程

1.2 结构设计中与各专业的相互配合

1. 与结构设计有关的一些基本概念。

（1）结构体系、楼层布置及其对施工的特殊要求。

（2）地基处理措施、基础采用的形式、降水措施、抗浮设计水位及方案、对选用桩的质量要求。

（3）±0.000 相当于绝对标高的确定，结构楼面标高与建筑标高的关系。

（4）大跨度梁、板的起拱要求。

（5）结构超长处理措施。

（6）大体积混凝土施工要求。

（7）对特殊构件（如型钢混凝土柱和梁、钢管混凝土柱、钢支撑等）的节点构造要求，与主体结构的连接要求。

（8）对特殊楼面结构（如组合楼板、无粘结预应力平板、密肋楼板、空心楼盖等）的施工要求。

（9）对地基基础变形观测的要求。

（10）地下室结构防水做法及挡土墙设计要求。

2. 建筑与结构专业的配合内容

通过研读建筑图，我们应该掌握以下几项内容：

（1）室内 ±0.000 地面相对于绝对标高、室内外高差，有地下车库的建筑还应了解车库顶板覆土厚度、消防车道的布置情况。

（2）建筑楼屋面做法及厚度。

（3）建筑各个楼层的使用功能及楼梯和电梯布置。

（4）地下室建筑防水做法，消防电梯集水坑位置及尺寸。

（5）自动扶梯平面位置、长度、宽度、起始梯坑平面尺寸及深度。

（6）地下车库斜坡道尺寸，车道出入口高度。

（7）屋面坡度做法（采用结构找坡或建筑找坡）。

（8）屋顶水箱间及太阳能平面位置及尺寸，地下室内消防水池的布置。

（9）建筑的特殊装饰做法（包括钢结构部分）。

（10）门窗洞口尺寸，楼板预留洞口尺寸。

（11）外墙面和屋面特殊保温材料。

（12）室内轻质隔墙的布置情况。

3. 结构专业与设备专业的配合内容

（1）设备用房位置、特殊设备基础要求及设备重量。

（2）楼层是否采用地板辐射采暖。

（3）当配电所设置在建筑物内时，应向结构专业提出荷载要求并应提供吊装孔和吊装平台的尺寸。

（4）设备管道是否需要横穿楼层梁或剪力墙。

1.3 结构设计软件 PKPM2010 的主要设计步骤

1. 执行 PMCAD 主菜单，完成结构建模任务（见图 1.3.1）

结构的整体建模主要是在第 1 项菜单中完成，也是 PMCAD 最精华的部分，俗语说"万丈高楼平地起"，用在这里就是"摩天大楼从建模起"，建好模型是基础，对后续设计是否成功有着非常重要的影响，应引起设计人员足够的重视。这个菜单中需要完成的工作后续章节中有详细的说明。

图 1.3.1　PMCAD 主菜单

2. 执行 SATWE 主菜单，完成结构及构件内力计算

（1）首先执行第 1 项菜单，接 PM 生成 SATWE 数据（见图 1.3.2），菜单如下：

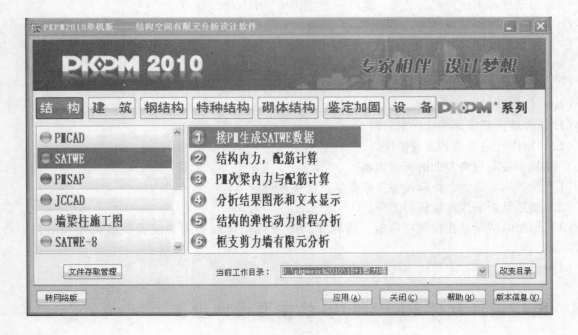

图 1.3.2　SATWE 主菜单

　　菜单第 1 项、第 6 项必须执行（见图 1.3.3），其中包含大量的参数需设计人员填入，后期章节有详细解说。

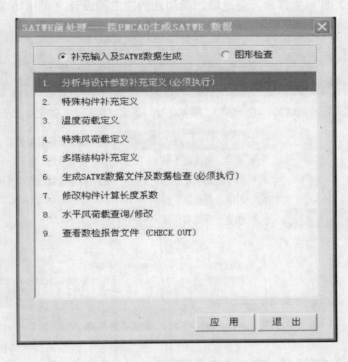

图 1.3.3 SATWE 前处理菜单

（2）执行 SATWE 菜单第 2 项"结构内力、配筋计算"。SATWE 菜单可以说是整个 PMCAD 软件中的"心脏"，又如计算机的 CPU 一样，所有结构建模的计算都是在这里完成的，设计者可干预的手段主要是通过参数的设置。

（3）执行 SATWE 菜单第 4 项，完成对计算结果的分析和判断。

3. 执行 JCCAD 主菜单，完成基础部分设计（见图 1.3.4）

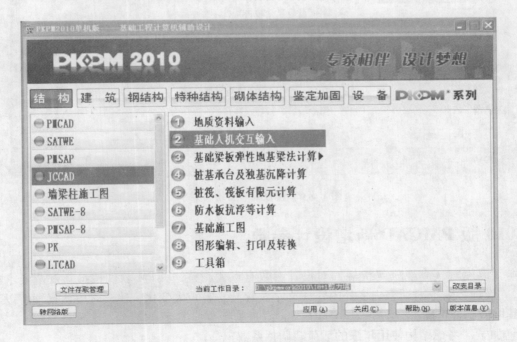

图 1.3.4 基础设计主菜单

4. 执行 "墙梁柱施工图" 主菜单，完成墙、梁和柱的施工图设计（见图 1.3.5）

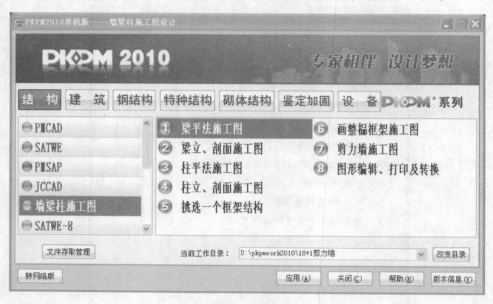

图 1.3.5　墙梁柱施工图绘制主菜单

5. 执行 PMCAD 主菜单第 3 项，完成结构平面图设计（见图 1.3.6）

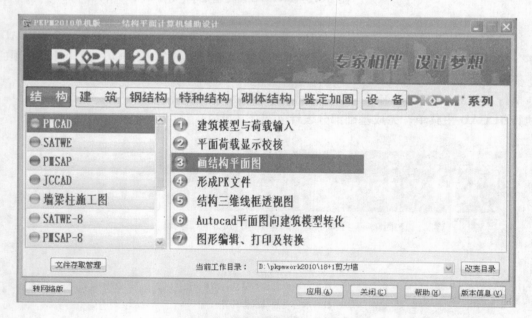

图 1.3.6　楼板配筋图绘制菜单

1.4　2010 版 PMCAD 新增设计参数

新版本《混规》、《高规》、《抗规》对设计参数有重大调整，PKPM 软件按最新规范要求相应地进行了调整，"设计参数"对话框内多处内容（文字及含义）有重大变化，建模时应认真理解以下设计参数并核实其取值是否正确。

（1）增加了"考虑结构使用年限的活荷载调整系数 γ_L"

新版《高规》第 5.6.1 条增加了"考虑结构使用年限的活荷载调整系数 γ_L"，本模块中"总信息"

选项卡中此项为新增，默认值取1.0（按设计使用年限为50年取值，100年对应为1.1），取值可由设计人员自行设置，取值区间为［0，2］。

（2）新旧规范"混凝土保护层"概念有所区别

新版《混规》条文说明8.2.1第2条明确提出了计算混凝土保护层厚度方法不再以纵向受力钢筋的外缘，而以最外层钢筋（包括箍筋、构造筋、分布筋）的外缘计算混凝土保护层厚度。PKPM程序采用新版《混规》的概念取值，"梁、柱钢筋的混凝土保护层厚度"默认值均取20mm。需提醒设计人员注意，当打开旧版模型数据时，必须按《混规》表8.2.1重新调整保护层厚度值，计算结果方可满足新规范要求。

（3）钢筋类别的增减

新版《混规》第4.2.3条增加了500MPa级热轧带肋钢筋（该级钢筋分项系数取1.15）和300MPa级钢筋，取消了HPB235级钢筋，并增加了其他多种类别钢筋，修改了受拉、受剪、受扭、受冲切的多项钢筋强度限制规则。为此，程序相应地增加了HPB300、HRBF335、HRBF400、HRB500、HRBF500共五种钢筋类别。但为了同旧版本的衔接，程序仍保留了HPB235级钢筋，放在列表的最后，由设计人员指定。

提醒设计人员注意：打开旧版模型数据时，或者新建工程数据时，如果设计人员执意选用HPB235级钢筋进行计算，只能在规范过渡期及对既有建筑结构设计时采用。

（4）Ⅰ类场地拆分成两个亚类 I_0、I_1

新版《抗规》第4.1.6条，将Ⅰ类场地细分成了两个亚类 I_0、I_1。《抗规》第5.1.4条增加了水平地震影响系数最大值6度罕遇地震下的数值，特征周期区分了Ⅰ类场地的两个亚类 I_0、I_1 下的情况。为此，程序将原有的Ⅰ类场地相应地也分为了两个亚类 I_0、I_1。

（5）抗震构造措施的抗震等级

新版《高规》第3.9.7条规定："甲、乙类建筑以及建造在Ⅲ、Ⅳ类场地且设计基本地震加速度为0.15g和0.30g的丙类建筑，按《高规》第3.9.1条和第3.9.2条规定提高一度确定抗震构造措施的抗震等级时，如果房屋高度超过提高一度后对应的房屋最大适用高度，则应采取比对应抗震等级更有效的抗震构造措施"。原规范无此规定。为此，程序相应地增加了"抗震构造措施的抗震等级"选项菜单，由设计人员指定是否提高或降低相应的抗震等级。

（6）新增钢框架抗震等级

新版《抗规》第8.1.3条规定："钢结构房屋应根据设防分类、烈度、房屋高度和场地类别采用不同的抗震等级，并应符合相应的计算和构造措施要求"。程序按规定新增加了"钢框架抗震等级"选项菜单，由设计人员指定抗震等级。

（7）新增结构体系类型

PKPM软件新增加了四种结构体系即"部分框支剪力墙结构"、"单层钢结构厂房"、"多层钢结构厂房"、"钢框架结构"，并将旧版本的两种结构体系做了自动转换，原短肢剪力墙结构变为剪力墙结构，原复杂高层结构变为部分框支剪力墙结构。

1.5 设计参数介绍

在"设计参数"对话框中，共有五项菜单供用户设置，其内容包括了后期结构分析计算所必需的一些基本参数，五项菜单分别是建筑物总体信息、材料信息、地震信息、风荷载信息以及钢筋信息，以下按各选项菜单分别介绍：

1. 总信息（见图1.5.1）

【结构体系】共15种：框架结构、框剪结构、框筒结构、筒中筒结构、剪力墙结构、砌体结构、底框结构、配筋砌体、板柱剪力墙、异形柱框架、异形柱框剪、部分框支剪力墙结构、单层钢结构厂房、多层钢结构厂房、钢框架结构。

【结构主材】共 5 种：钢筋混凝土、钢-混凝土、有填充墙钢结构、无填充墙钢结构、砌体。

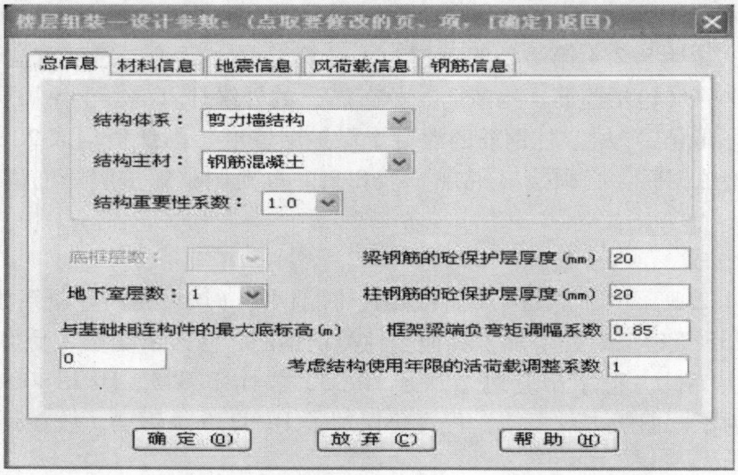

图 1.5.1　总信息

【结构重要性系数】：可选择 1.1、1.0、0.9。根据《混规》第 3.3.2 条确定。

【地下室层数】：进行 TAT、SATWE 计算时，对地震力作用、风力作用、地下人防等因素有影响。程序结合地下室层数和层底标高判断楼层是否为地下室，例如此处设置为 4，则层底标高最低的 4 层判断为地下室。

【与基础相连构件的最大底标高】：该标高是程序自动生成接基础支座信息的控制参数。当在"楼层组装"对话框中选中了左下角"生成与基础相连的墙柱支座信息"，并单击"确定"按钮退出该对话框时，程序会自动根据此参数将各标准层上底标高低于此参数的构件所在的节点设置为支座。

【梁钢筋的混凝土保护层厚度】：根据新版《混规》第 8.2.1 条确定，默认值为 20mm。

【柱钢筋的混凝土保护层厚度】：根据新版《混规》第 8.2.1 条确定，默认值为 20mm。

【框架梁端负弯矩调幅系数】：根据《高规》第 5.2.3 条确定，在竖向荷载作用下，可考虑框架梁端塑性变形内力重分布对梁端负弯矩乘以调幅系数进行调幅。负弯矩调幅系数取值范围是 0.7～1.0，一般工程取 0.85。

【考虑结构使用年限的活荷载调整系数】：根据新版《高规》第 5.6.1 条确定，默认值为 1.0。

2. 材料信息（见图 1.5.2）

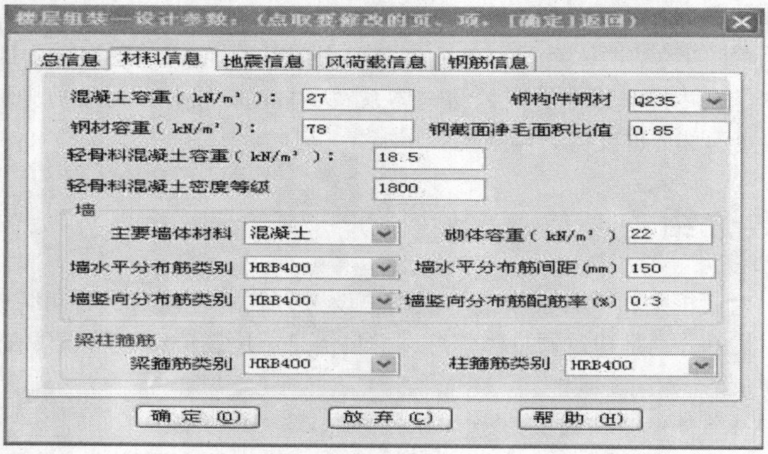

图 1.5.2　材料信息

【混凝土容重】（kN/m³）：根据《荷载规范》附录 A 确定。一般情况下，钢筋混凝土结构的容重为 25kN/m³，若采用轻混凝土或要考虑构件表面装修层重时，混凝土容重可填入适当值。

【钢容重】（kN/m³）：根据《荷载规范》附录 A 确定。一般情况下，钢材容重为 78kN/m³，若要考虑钢构件表面装修层重时，钢材的容重可填入适当值。

【轻骨料混凝土容重】（kN/m³）：根据《荷载规范》附录 A 确定。

【轻骨料混凝土密度等级】：默认值 1800。

【钢构件钢材】：Q235、Q345、Q390、Q420。根据《钢规》第 3.4.1 条确定。

【钢截面净毛面积比值】：钢构件截面净面积与毛面积的比值。

【主要墙体材料】共 4 种：混凝土、烧结砖、蒸压砖、混凝土砌块。

【砌体容重】（kN/m³）：根据《荷载规范》附录 A 确定。

【墙水平分布筋类别】共 6 种：HPB300、HRB335、HRB400、HRB500、冷轧带肋 550、HPB235。

【墙竖向分布筋类别】：HPB300、HRB335、HRB400、HRB500、冷轧带肋 550、HPB235。

【墙水平分布筋间距】（mm）：可取值 100～400

【墙竖向分布筋配筋率】（%）：可取值 0.15～1.2

【梁箍筋级别】：HPB300、HRB335、HRB400、HRB500、冷轧带肋 550、HPB235。

【柱箍筋级别】：HPB300、HRB335、HRB400、HRB500、冷轧带肋 550、HPB235。

3. 地震信息（见图 1.5.3）

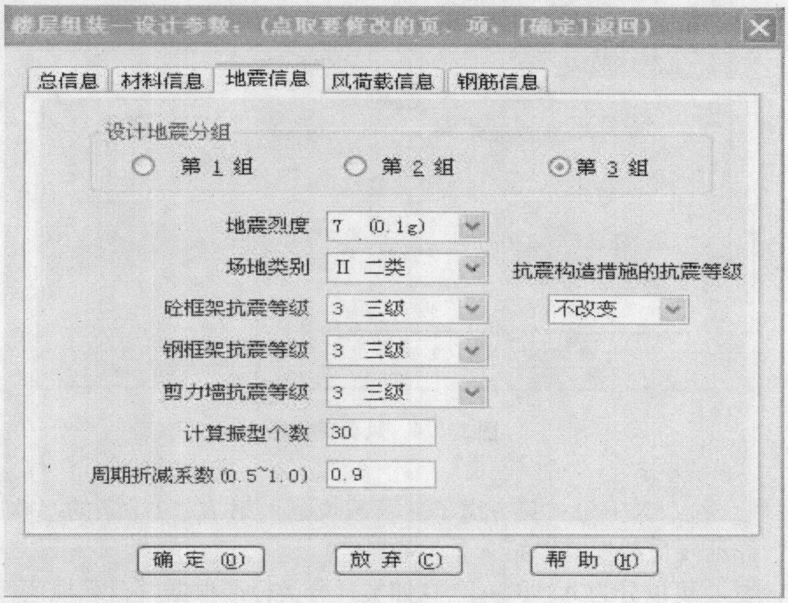

图 1.5.3　地震信息

【设计地震分组】：根据《抗规》附录 A 确定。

【地震烈度】：6（0.05g）、7（0.1g）、7（0.15g）、8（0.2g）、8（0.3g）、9（0.4g）、0（不设防）。

【场地类别】：I₀ 一类、I₁ 一类、II 二类、III 三类、IV 四类、V 上海专用，根据新版《抗规》第 4.1.6 条调整。

【混凝土框架抗震等级】：0 特一级、1 一级、2 二级、3 三级、4 四级、5 非抗震，根据《抗规》第 6.1.2 条确定。

【钢框架抗震等级】：0 特一级、1 一级、2 二级、3 三级、4 四级、5 非抗震，根据《抗规》第 8.1.3 条确定。

【剪力墙抗震等级】：0 特一级、1 一级、2 二级、3 三级、4 四级、5 非抗震，根据《抗规》第 6.1.2 条确定。

【抗震构造措施的抗震等级】：提高二级、提高一级、不改变、降低一级、降低二级。根据新版《高规》第 3.9.7 条调整。

【计算振型个数】：根据《抗规》第 5.2.2 条文说明确定。振型数应至少取 3，由于 SATWE 中程序按两个平动振型和一个扭转振型输出，所以振型数最好为 3 的倍数。当考虑扭转耦联计算时，振型数不应小于 15。对于多塔结构振型数不应小于塔楼数的 9 倍。需要提醒设计人员注意的是，此处指定的振型数不能超过结构固有振型的总数。

【周期折减系数】：周期折减的目的是为了充分考虑框架结构和框架-剪力墙结构的填充墙刚度对计算周期的影响。对于框架结构，若填充墙较多，周期折减系数可取 0.6~0.7；填充墙较少时可取 0.7~0.8；对于框架-剪力墙结构，可取 0.7~0.8；对于框架-核心筒结构，可取 0.8~0.9；纯剪力墙结构的周期可取 0.8~1.0，详见《高规》第 4.3.17 条规定。

4. 风荷载信息（图 1.5.4）

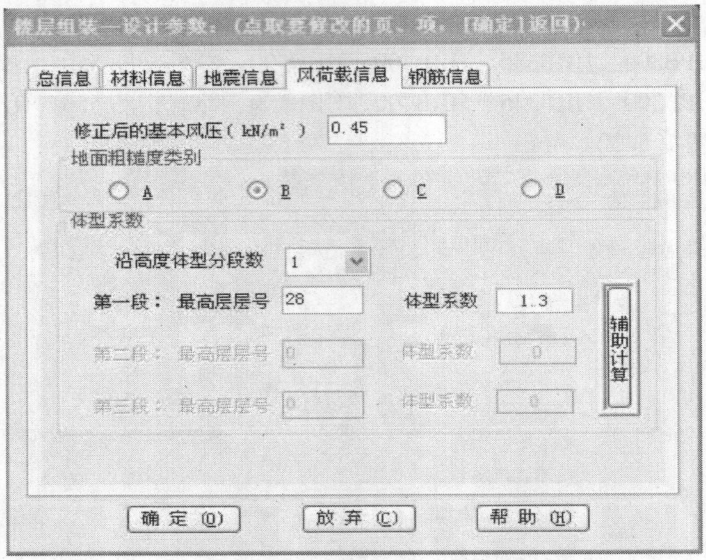

图 1.5.4　风荷载信息

【修正后的基本风压】（kN/m²）：只考虑了《荷载规范》第 7.1.1-1 条的基本风压，地形条件的修正系数程序没考虑，详见《荷载规范》第 7.2.3 条规定。

【地面粗糙度类别】：可以分为 A、B、C、D 四类，分类标准根据《荷载规范》第 7.2.1 条确定。

【沿高度体型分段数】：现代多、高层结构立面变化比较大，不同的区段内的体型系数可能不一样，程序限定体型系数最多可分三段取值。

【各段最高层层高】：根据实际情况填写。若体型系数只分一段或两段时，则仅需填写前一段或两段的信息，其余信息可不填。

【各段体型系数】：根据《荷载规范》第 7.3.1 条确定。设计人员可以通过辅助计算对话框，根据提示选择确定具体的风荷载系数。

5. 钢筋信息（图 1.5.5）

【钢筋强度设计值】：根据新版《混规》第 4.2.3 条确定。如果设计人员自行调整了此选项中的钢筋强度设计值，后续计算模块将采用修改过的钢筋强度设计值进行计算。以上 PMCAD 模块"设计参数"对话框中的各类设计参数，当设计人员执行"确定"命令时，会自动存储到 ＊＊＊.JWS 文件中，对后续各种结构计算模块均起控制作用。

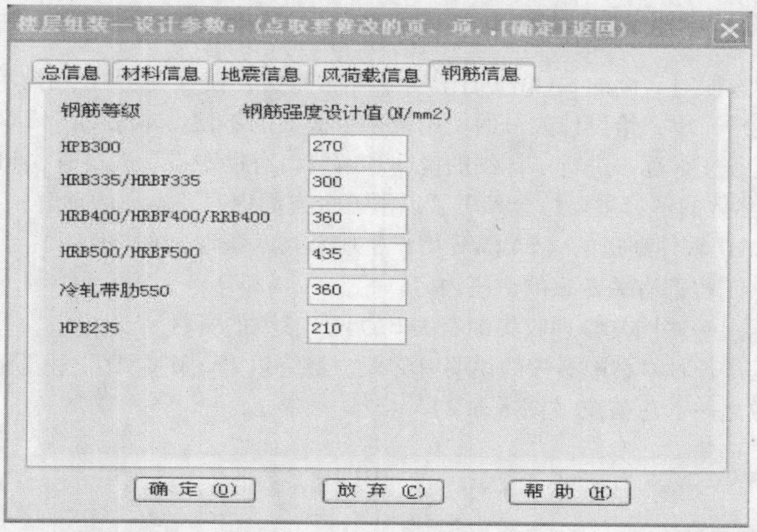

图 1.5.5　钢筋信息

1.6　SATWE 软件的前处理（图 1.6.1）

1.6.1　接 PM 生成 SATWE 数据

对于一个新建工程，在 PMCAD 中完成建模后，模型中已经包含了部分参数，这些参数可以为后续模块的计算分析所共用，但对于结构分析而言还不完善，SATWE 在 PMCAD 参数的基础上，提供了一套更为丰富的参数并不断完善，以适应结构分析和设计的需要。在点取"分析与设计参数补充定义"菜单后，弹出参数页切换菜单，设计人员可以对总信息、风荷载信息、地震信息、活荷载信息、调整信息、设计信息、配筋信息等菜单中的参数选项进行修改和调整。

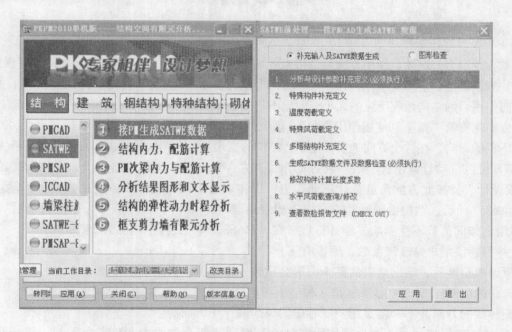

图 1.6.1　SATWE 前处理菜单

1.6.2　SATWE 设计参数详细说明

设计参数的合理选取对后续的 SATWE 计算分析非常重要，在《SATWE 用户手册》中有一些介绍，但比较零乱且说明过于简单，给设计人员的使用带来了极大的不便，本书对 SATWE 中所有参数重新归纳整理，并配合规范条文，逐一进行了详细的说明和解释，有助于设计人员查找和使用，节省了建模时间。书中对 SATWE 参数的解释主要综合参考了以下三个方面内容及本人的理解：

（1）随 PKPM CAD 软件赠送的《SATWE 用户手册及技术条件》（2010 版）。

（2）PKPM CAD 工程部有关专家的讲座内容。

（3）网络和论坛上一些网友整理收集的有关 SATWE 参数的资料。

需特别申明的是，若对本书中参数的说明有异议，最终以 PKPM CAD 工程部解释为准。

1. SATWE 参数之一：总信息（图 1.6.2）

图 1.6.2　总信息

（1）**水平力与整体坐标夹角（度）：ARF = 0.0**

该参数为地震力、风荷载作用方向与结构整体坐标的夹角。《抗规》第 5.1.1 条和《高规》第 4.3.2 条规定"一般情况下，应至少在结构两个主轴方向分别计算水平地震作用并进行抗震验算"。如果地震沿着不同方向作用，则结构地震反应的大小一般也不相同，那么必然存在某个角度使得结构地震反应最为剧烈，这个方向就称为"最不利地震作用方向"。这个角度与结构的刚度与质量及其位置有关，对结构可能会造成最不利的影响，在这个方向地震作用下，结构的变形及部分结构构件内力可能会达到最大。

SATWE 可以自动计算出这个最不利方向角，并在 WZQ. OUT 文件中输出。如果该角度绝对值大于 15°，建议设计人员按此方向角重新计算地震力，以体现最不利地震作用方向的影响。当输入一个非 0 角度（比如 25°）后，结构沿顺时针方向旋转相应角度（即 25°），但地震力、风荷载仍沿屏幕的 X 向和 Y 向作用，竖向荷载不受影响。经计算后，在 WMASS. OUT 文件中输出为 25°。

一般并不建议用户修改该参数，原因有三：

1）考虑该角度后，输出结果的整个图形会旋转一个角度，会给识图带来不便；

2）构件的配筋应按"考虑该角度"和"不考虑该角度"两次的计算结果做包络设计；

3）旋转后的方向并不一定是用户所希望的风荷载作用方向。

综上所述，建议将"最不利地震作用方向角"填到"斜交抗侧力构件夹角"栏，这样程序可以自动按最不利工况进行包络设计。

"水平力与整体坐标夹角"与【地震信息】栏中"斜交抗侧力构件附加地震角度"的区别是:"水平力"不仅改变地震力而且同时改变风荷载的作用方向;而"斜交抗侧力"仅改变地震力方向(增加一组或多组地震组合),是按《抗规》第5.1.1.2条执行。对于计算结果,"水平力"需用户根据输入的角度不同分两个计算工程目录,人为比较两次计算结果,取不利情况进行配筋包络设计等;而"斜交抗侧力"程序可自动考虑每一方向地震作用下构件内力的组合,可直接用于配筋设计,不需要人为判断。

(2)混凝土容重(kN/m³):$G_C = 25$

一般情况下,钢筋混凝土容重取25,当考虑构件表面粉刷重量后,混凝土容重宜取26~27。对于框架、框剪及框架-核心筒结构可取26,剪力墙可取27。由于程序在计算构件自重时并没有扣除梁板、梁柱重叠部分,故结构整体分析计算时,混凝土容重没必要取大于27。如果结构分析时不想考虑混凝土构件的自重荷载,则该参数可取0。如果用户在PMCAD模型菜单"荷载定义"中勾选"自动计算现浇板自重",则楼板自重也按PM中输入的混凝土容重计算。楼(屋)面板板面的建筑装修荷载和板底吊顶或吊挂荷载可以在结构整体计算时通过楼面均布恒载输入。

(3)钢材容重(kN/m³):$G_S = 78$

一般情况下,钢材容重取78。对于钢结构工程,在结构计算时不仅要考虑建筑装修荷载的影响,还应考虑钢构件中加劲肋等加强板件、连接节点及高强度螺栓等附加重量及防火、防腐涂层或外包轻质防火板的影响,因此钢材容重通常要乘以1.04~1.18的放大系数,即取82~93。如果结构分析时不想考虑钢构件的自重荷载,则该参数可取0。

SATWE和PMCAD中的材料容重都用于计算结构自重,PMCAD中计算相对简单的竖向导荷;SATWE则将算得的自重参与整体有限元计算。2010版中这两处参数变为联动,修改其中一个,另一个也会对应发生变化。

(4)裙房层数:$MANNEX = 0$

对于带裙房的大底盘多塔结构,设计人员应输入裙房所在自然层号。输入裙房层数后,程序能够自动按照《高规》第10.6.3.3条的规定,将加强区取到裙房屋面上一层,裙房层数应包含地下室层数。《抗规》第6.1.3.2条及《高规》第3.9.6条规定,"主楼结构在裙房顶部上、下各一层应适当加强抗震构造措施"。程序中该参数作用暂时没有反映,实际工程中设计人员可参考《高规》第10.6.3-3条,将裙房顶部上、下各一层框架柱箍筋全高加密,适当提高纵筋配筋率,进行构造加强。

对于体型收进的高层建筑结构、底盘高度超过房屋高度20%的多塔楼结构尚应符合《高规》第10.6.5条要求;目前程序不能实现自动将体型收进部位上、下各两层塔楼周边竖向构件抗震等级提高一级的功能,需要设计人员在"特殊构件定义"中自行指定。

(5)转换层所在层号:$MCHANGE = 0$

《高规》第10.2节明确规定了两种带转换层结构:底部带托墙转换层的剪力墙结构(即部分框支剪力墙结构),以及底部带托柱转换层的筒体结构。这两种带转换层结构的设计有其相同之处,也有其各自的特殊性。《高规》第10.2节对这两种带转换层结构的设计要求做出了规定,一部分是两种结构同时适用的,另一部分是仅针对部分框支剪力墙结构的设计规定。为适应不同类型转换层结构的设计需要,程序在"结构体系"项新增了"部分框支剪力墙结构",通过"转换层所在层号"和"结构体系"两项参数来区分不同类型的带转换层结构。只要用户填写了"转换层所在层号",程序即判断该结构为带转换层结构,自动执行《高规》第10.2节针对两种结构的通用设计规定,如根据《高规》第10.2.2条判断底部加强区高度,根据第10.2.3条输出刚度比等。

如果设计人员同时选择了"部分框支剪力墙结构",程序在上述基础上还将自动执行高规第10.2节专门针对部分框支剪力墙结构的设计规定,包括根据《高规》第10.2.6条高位转换时框支柱和剪力墙底部加强部位抗震等级自动提高一级;根据第10.2.16条输出框支框架的地震倾覆力矩;根据第10.2.17条对框支柱的地震内力进行调整;第10.2.18条剪力墙底部加强部位的组合内力进行放大;第10.2.19条剪力墙底部加强部位分布钢筋的最小配筋率等。

如果设计人员填写了"转换层所在层号"但选择了其他结构类型，程序将不执行上述仅针对部分框支剪力墙结构的设计规定。

对于水平转换构件和转换柱的设计要求，用户还需在"特殊构件补充定义"中对构件属性进行指定，程序将自动执行相应的调整，如第 10.2.4 条水平转换构件的地震内力的放大，第 10.2.7 条和第 10.2.10 条关于转换梁、柱的设计要求等。

对于仅有个别结构构件进行转换的结构，如剪力墙结构或框架-剪力墙结构中存在的个别墙或柱在底部进行转换的结构，可参照水平转换构件和转换柱的设计要求进行构件设计，此时只需对这部分构件指定其特殊构件属性即可，不再填写"转换层所在层号"，程序将仅执行对于转换构件的设计规定。

"转换层所在层号"应按 PMCAD 楼层组装中的自然层号填写，如地下室 3 层，转换层位于地上 2 层时，转换层所在层号应填入 5。程序不能自动识别转换层，需要人工指定。

对于高位转换的判断，转换层位置以嵌固端起算，以"转换层所在层号 – 嵌固端所在层号 + 1"进行判断，是否为 3 层或 3 层以上转换。程序据此确定采用剪切刚度或剪弯刚度算法。

转换层指定为薄弱层：软件默认转换层不作为薄弱层，需要设计人员人工指定。此项打勾与在"调整信息"栏中"指定薄弱层号"中直接填写转换层号的效果一样。转换层不论层刚度比如何，都应强制指定为薄弱层。

（6）嵌固端所在层号：MQIANGU = 1

《抗规》第 6.1.3.3 条规定了地下室作为上部结构嵌固部位时应满足的要求；第 6.1.10 条规定剪力墙底部加强部位的确定与嵌固端有关；《抗规》第 6.1.14 条提出了地下室顶板作为上部结构的嵌固部位时的相关计算要求；《高规》第 3.5.2.2 条规定结构底部嵌固层的刚度比不宜小于 1.5。

针对以上条文，2010 版 SATWE 新增了"嵌固端所在层号"这项重要参数。这里的嵌固端指上部结构的计算嵌固端，当地下室顶板作为嵌固部位时，那么嵌固端所在层为地上一层，即地下室层数 + 1；而如果在基础顶面嵌固时，嵌固端所在层号为 1。程序默认的嵌固端所在层号为"地下室层数 + 1"，如果修改了地下室层数，则应注意确认嵌固端所在层号是否需相应修改。判断嵌固端位置应由设计人员自行完成，程序主要实现以下几项功能：

1）确定剪力墙底部加强部位时，将起算层号取为"嵌固端所在层号 – 1"，即默认将加强部位延伸到嵌固端下一层，比抗规的要求保守一些。

2）针对《抗规》第 6.1.14 条和《高规》第 12.2.1 条规定，自动将嵌固端下一层的柱纵向钢筋相对上层对应位置柱纵筋增大 10%；梁端弯矩设计值放大 1.3 倍。

3）按《高规》第 3.5.2.2 条规定，当嵌固层为模型底层时，刚度比限值取 1.5。

4）涉及"底层"的内力调整等，程序针对嵌固层进行调整。

提醒设计人员注意的是，如果指定的嵌固端位置位于地下室顶板以下，则程序并不会自动对地下室顶板和嵌固端位置执行同样的调整，这点与《用户手册》有差别。

（7）地下室层数：MBASE = 1

当上部结构与地下室共同分析时，通过该参数程序在上部结构风荷载计算时自动扣除地下室部分的高度（地下室顶板作为风压高度变化系数的起算点），并激活【地下室信息】参数栏。无地下室时填 0；有地下室时根据实际情况填写。填写时须注意以下几点：

1）程序根据此信息来决定内力调整的部位，对于一、二、三及四级抗震结构，其内力调整系数是要乘在地下室以上首层柱底或墙底截面处。

2）程序根据此信息决定底部加强区范围，因为剪力墙底部加强区的控制高度应扣除地下室部分。

3）当地下室局部层数不同时，应按主楼地下室层数输入。

4）地下室宜与上部结构共同作用分析。

（8）墙元细分控制最大控制长度（m）：DMAX = 1.0

进行有限元分析时，对于较长的剪力墙，程序要将其细分并形成一系列小壳元。为确保分析精度，要求小壳元的边长不得大于给定的限值，限值范围为 1.0~5.0。一般可取默认值 1m，2005 和 2008 版程序默认值是 2m。对于体量较大的高层剪力墙结构，当提示内存不足时，可适当增大该参数值。

（9）对所有楼层强制采用刚性楼板假定：（是）或（否）

在结构设计中，楼板刚度的合理考虑是一个非常重要的因素，不仅影响分析效率，更重要的是决定了分析结构的精度和可靠性。"强制刚性楼板假定"可能改变结构初始的分析模型，因此其适用范围是有限的，一般仅在计算位移比和周期比时建议选择。在进行结构内力分析和配筋计算时，仍要遵循结构的真实模型，才能获得正确的分析和设计结果，此时不能再选择"强制刚性楼板假定"。

PKPM 软件中的 SATWE 程序从工程实际出发，对楼板给出了多种简化假定。计算分析和工程实践证明，刚性楼板假定对于绝大多数建筑的分析具有足够的计算精度，弹性板 6 假定主要用于板柱体系或板柱-剪力墙结构；弹性膜假定广泛应用于体育场馆、楼板局部大开洞、楼板平面布置时产生的狭长板带、框支转换结构中的转换层楼板、多塔联体结构中的弱连接板等结构；弹性板 3 假定适合于厚板转换结构。在结构设计时应该根据工程特点，采用合理的楼板刚度假定，以减小分析结果的误差，确保其合理性，同时不影响构件的安全储备。实际工程中要注意以下两点：

1）对于复杂结构（如不规则坡屋顶、体育馆看台、工业厂房，或者柱顶、墙顶不在同一标高，或者没有楼板等情况），如果再强制采用"刚性楼板假定"，结构分析会严重失真。对这类结构不宜硬性控制位移比，而应通过查看位移的详细输出，或观察结构的动态变形图，以考察结构的扭转效应。

2）对于错层或带夹层的结构，总是伴有大量的越层柱，如采用强制刚性楼板假定，所有越层柱将受到楼层约束，造成计算结果失真。

需提醒设计人员的是，SATWE 程序把弹性楼板分为"弹性板 6"、"弹性板 3"和"弹性膜"三种，在具体应用时应注意：

1）弹性楼板设定应连续，不能出现弹性楼板和刚性楼板相间或包含布置的情况。

2）梁两侧是弹性楼板时，梁刚度放大及扭矩折减仍然有效。

3）如果定义了弹性楼板，在计算位移比、周期比等控制参数时，应选择强制刚性楼板假定。

4）采用弹性板 3 或弹性楼板 6 时，会影响梁配筋的安全储备，建议改用弹性膜假定。

5）对于坡屋面的斜板，新规范版 SATWE 软件默认采用弹性膜假定。

6）不同楼板假定的特点及适用范围详见表 1.6.1。

表 1.6.1　楼板假定的特点及适用范围

楼板类型	楼板平面内刚度	楼板平面外刚度	适　用　范　围
刚性楼板	无限刚度	0	常规楼板
弹性板 6	真实刚度	真实刚度	板柱结构、厚板转换
弹性板 3	无限刚度	真实刚度	厚板结构
弹性膜	真实刚度	0	狭长板带、空旷结构

（10）强制刚性板假定时保留弹性板面外刚度：（是）或（否）

此参数主要用于"板柱体系"且楼板定义了弹性板 3 或 6 的情况。对于无梁楼盖模型，如果仅定义了弹性板 6，而没有勾选该参数，会造成部分柱的不平衡力很大，继而使柱的 X、Y 向配筋相差太多；当勾选后，程序在进行弹性板划分时自动实现梁、板边界变形协调，同时应将中梁刚度放大系数改为 1。

（11）墙元侧向节点信息：《内部节点）或（出口节点）

该参数是墙元刚度矩阵凝聚计算的控制参数，2010 版改为强制采用"出口节点"。

（12）结构材料信息：（钢混凝土结构）或（砌体结构）等

提供钢筋混凝土结构、钢与混凝土混合结构、有填充墙钢结构、无填充墙钢结构、砌体结构共 5 个选项。一般按结构的实际情况确定，不同的"结构材料"会影响到不同规范、规程的选择，如当"结构材料信息"为"钢结构"时，则按照钢框架-支撑体系的要求执行 $0.25V_0$ 调整；当"结构材料信息"为"混凝土结构"时，则执行混凝土结构的 $0.2V_0$ 调整。型钢混凝土和钢管混凝土结构属于钢筋混凝土结构，而不是钢结构。

有填充墙钢结构和无填充墙钢结构之分是为了计算风荷载中的脉动系数 ξ，并不影响风载计算时的迎风面宽度。结构脉动系数可由两种方法得到：一是查《荷载规范》表 7.4.3，这是旧版软件采用的方法；二是根据《荷载规范》第 7.4.3 条文说明公式（7.4.2-2）进行计算，这是 2010 版 SATWE 软件采用的方法。新版程序相应在"风荷载信息"增加了"风载作用下的阻尼比"参数，其初始值由"结构材料信息"控制。需要注意的是，《荷载规范》表 7.4.3 中的"钢结构"是指"无填充墙钢结构"。

（13）结构体系：（框架结构）或（剪力墙结构）等

共提供 15 个选项，分别为框架、框剪、框筒、筒中筒、剪力墙、板柱剪力墙结构、异形柱框架结构、异形柱框剪结构、配筋砌块砌体结构、砌体结构、底框结构、部分框支剪力墙结构、单层钢结构厂房、多层钢结构厂房、钢框架结构。一般按结构布置的实际情况确定，选用不同体系，程序按照不同体系进行构造或内力调整放大。与旧版程序相比，增加了"部分框支剪力墙结构"、"单层钢结构厂房"、"多层钢结构厂房"和"钢框架结构"三种类型，取消了"短肢剪力墙"和"复杂高层结构"。新版 SATWE 读入旧版程序数据时，自动将"短肢剪力墙结构"转换为"剪力墙结构"，"复杂高层结构"转换为"部分框支剪力墙结构"，设计人员应注意予以确认。结构体系的选择影响到众多规范条文的执行，应正确选择。

新《高规》取消了短肢剪力墙结构，而对剪力墙结构中的短肢剪力墙，《高规》第 7.1.8 条和第 7.2.2 条都给出了规定。设计人员设计时应注意以下几点：

1）剪力墙结构中短肢剪力墙数量问题。

SATWE 程序通过计算给出在规定的水平地震作用下，短肢剪力墙"倾覆力矩百分比"，当此百分比位于 30%~50%，可判为"具有较多短肢剪力墙的剪力墙结构"，见《高规》第 7.1.8 条。

对于短肢墙的一系列从严控制措施，不再只针对"短肢墙较多的剪力墙结构"，故 2010 版 SATWE 软件取消了"短肢墙结构"类型，见《高规》第 7.2.2 条。

对于 2008 版的工程数据，转到 2010 版时，"短肢剪力墙结构"类型强制转换为"剪力墙结构"类型，程序参照新《高规》修改了短肢墙判断方法：对于任一直线墙段，若其直接关联墙肢数不超过 2（包括自身）、每肢长宽比小于 8、且厚度不大于 300mm，则该直线墙段判为短肢墙，否则为普通墙。

对于所有结构中的短肢墙，程序自动执行《高规》第 7.2.2-2、第 7.2.2-3 和第 7.2.2-5 条规定的调整（轴压比、剪力调整、竖向配筋率从严）。

短肢剪力墙抗震等级不再提高，长宽比小于 4 的短墙肢，按照柱进行配筋设计。

2）关于异形柱框架结构或框剪结构

当结构体系选为"异形柱框架结构"或"异形柱框剪结构"后，程序自动按《异形柱规程》进行计算。注意，新版 SATWE 对薄弱层地震剪力放大系数可由设计人员填入，默认值取《高规》第 3.5.8 条要求的 1.25，需要注意的是，《抗规》第 3.4.4 条要求乘以不小于 1.15 的增大系数，而《异形柱规程》第 3.2.5 条 2 款要求放大 1.2 倍，建议取值不小于 1.25。

3）关于板柱结构

对于定义为"板柱结构"的工程，程序按《高规》第 8.1.10 条规定进行柱、剪力墙地震内力的调整和设计，并在 WV02Q. OUT 文件中输出各层柱、剪力墙的地震作用调整系数，不需用户对 $0.2V_0$ 调整再做特别设置。另外板柱结构中，需在轴网上布置截面尺寸为 100mm × 100mm 的矩形截面虚梁，楼板应定义为弹性板 6。

（14）恒活荷载计算信息：不计算恒活荷载、一次性加载、模拟 1、模拟 2 或模拟 3

该参数应为"恒载计算信息"，详见《高规》第 5.1.9 条。高层建筑结构的建造是遵循一定的顺序，逐层或者批次完成的，也就是说构件的自重恒载和附加恒载是随着主体结构的施工而逐步增加的，结构的刚度也是随着构件的形成而不断增加与改变的，即结构的整体刚度矩阵是变化的。考虑模拟施工加载与一次性加载对结构分析与设计的结果有较大影响，特别是高层建筑和楼层竖向构件刚度差异较大的结构。竖向构件的位移差将导致水平构件产生附加弯矩，特别是负弯矩增加较大，此效应逐层累加，有时会出现拉柱或梁没有负弯矩的不真实情况，一般结构顶部影响最大。而在实际施工中，竖向恒载是一层一层作用的，并在施工中逐层找平，下层的变形对上层基本上不产生影响。结构的竖向变形在建造到上部时已经完成得差不多了，因此不会产生"一次性加荷"所产生的异常现象。

模拟施工 1：就是上面说的考虑分层加载、逐层找平因素影响的算法，采用整体刚度分层加载模型。由于该模型采用的结构刚度矩阵是整体结构的刚度矩阵，加载层上部尚未形成的结构过早进入工作，可能导致下部楼层某些构件的内力异常（如较实际偏小）。

模拟施工 2：就是考虑将柱（不包括墙）的刚度放大 10 倍后再按模拟施工 1 进行加载，以削弱竖向荷载按刚度的重分配，使柱、墙上分得的轴力比较均匀，接近手算结果，传给基础的荷载更为合理，仅用于框剪结构或框筒结构的基础计算，不得用于上部结构的设计。采用模拟施工 2 后，外围框架柱受力会有所增大，剪力墙核心筒受力略有减小。

模拟施工 3：是对模拟施工 1 的改进，采用分层刚度分层加载模型。在分层加载时，去掉了没有用的刚度（如第一层加载，则只有 1 层的刚度，而模拟 1 却仍为整体刚度），使计算结果更接近于施工的实际情况。建议一般对多、高层建筑首选"模拟施工 3"，对钢结构或大型体育场馆类（指没有严格的标准楼层概念）结构应选"一次性加载"，对于长悬臂结构或有吊柱结构，由于一般是采用悬挑脚手架的施工工艺，故对悬臂部分应采用一次性加载进行设计。

（15）风荷载计算信息：不计算风载、计算风载、计算特殊风载、同时计算普通风载和特殊风载

这是风荷载计算控制参数。一般选计算风荷载，即计算结构 X、Y 两个方向的风荷载。计算"特殊风载"和"同时计算普通风载和特殊风载"是新增的风载计算选项，主要配合特殊风载体型系数。

（16）规定水平力的确定方式：楼层剪力差方法（规范算法）、节点地震作用 CQC 组合方法

"规定水平地震力"是新《抗规》和《高规》提出的一种新的计算地震力的方法，主要用于计算倾覆力矩和扭转位移比，2010 版 SATWE 按照规范的要求增加了"规定水平力"的计算内容，其中 SATWE 软件在"规定水平力"选项中提供了两种方法，一种是"楼层剪力差法（规范方法）"，另一种是"节点地震作用 CQC 组合方法"，前一种即《抗规》要求的"规定水平力"，后一种是 SATWE 软件提供的方法，从软件应用的角度，前者主要用于结构布局比较规则，楼层概念清晰的结构。而当结构布局复杂，较难划分出明显的楼层时，则可采用后者。

1）计算扭转位移比

《高规》第 3.4.5 条和《抗规》第 3.4.3 条规定，计算扭转位移比时，楼层位移不采用之前的 CQC 组合计算，明确改为采用"规定水平力"计算，目的是避免有时 CQC 计算的最大位移出现在楼盖边缘中部而不是角部。水平力确定为考虑偶然偏心的振型组合后楼层剪力差的绝对值。但对结构楼层位移和层间位移控制值验算时，仍采用 CQC 的效应组合。

2）计算倾覆力矩

《高规》第 8.1.3 条规定：抗震设计的框架-剪力墙结构，应根据在规定的水平力作用下结构底层框架部分承受的地震倾覆力矩与结构总地震倾覆力矩的比值，确定相应的设计方法。

SATWE 在 WV02Q.OUT 中输出三种抗倾覆计算结果："《抗规》方式、轴力方式和 CQC 方式"。一般对于对称布置的框剪、框筒结构，轴力方式的结果要大于《抗规》方式；而对于偏置的框剪、框筒结构，轴力方式与《抗规》方式结果相近。轴力方式的倾覆力矩一方面可以反映框架的数量，另一方面可以反映框架的空间布置，是更为合理地衡量"框架在整个抗侧力体系中作用"的指标。

（17）地震作用计算信息：不计算、计算水平、计算水平和规范简化法竖向、计算水平和反应谱法竖向

不计算地震作用：对于不进行抗震设防的地区或者抗震设防烈度为 6 度时的部分结构，规范规定可以

不进行地震作用计算（见《抗规》第 3.1.2 条），此时可选择"不计算地震作用"。《抗规》第 5.1.6 条规定，6 度时的部分建筑，应允许不进行截面抗震验算，但应符合有关的抗震措施要求。因此这类结构在选择"不计算地震作用"的同时，仍然要在"地震信息"菜单中指定抗震等级，以满足抗震措施的要求。此时，"地震信息"菜单除抗震等级和抗震构造措施的抗震等级相关参数外，其余参数颜色变灰。

计算水平地震作用：计算 X、Y 两个方向的地震作用。

计算水平和规范简化方法竖向地震：按《抗规》5.3.1 条规定的简化方法计算竖向地震。计算水平和反应谱方法竖向地震：按竖向振型分解反应谱方法计算竖向地震。《高规》第 4.3.14 条规定：跨度大于 24m 的楼盖结构、跨度大于 12m 的转换结构和连体结构，悬挑长度大于 5m 的悬挑结构，结构竖向地震作用效应标准值宜采用时程分析方法或振型分解反应谱方法进行计算，因此，新版 SATWE 新增了按竖向振型分解反应谱方法计算竖向地震的选项。

采用振型分解反应谱法计算竖向地震作用时，程序输出每个振型的竖向地震力，以及楼层的地震反应力和竖向作用力，并输出竖向地震作用系数和有效质量系数，与水平地震作用均类似。

（18）结构所在地区：全国、上海、广东

SATWE 程序根据结构所在地区分别采用中国国家标准、上海地区规程和广东地区规程进行计算。

（19）特征值求解方式：水平振型和竖向振型独立求解方式、水平振型和竖向振型整体求解方式

仅在选择了"计算水平和反应谱方法竖向地震"时，此参数才激活。当采用"整体求解"时，在"地震信息"栏中输入的振型数为水平与竖向振型数的总和；且"竖向地震参与振型数"选项为灰，设计人员不能修改。当采用"独立求解"时，在"地震信息"栏中需分别输入水平与竖向的振型个数。需提醒设计人员注意，计算用振型数一定要足够多，以使得水平和竖向地震的有效质量系数都满足 90%。一般宜选"整体求解"。

"整体求解"的动力自由度包括 Z 向分量，而"独立求解"则不包括；前者做一次特征值求解，而后者做两次；前者可以更好地体现三个方向振动的耦联，但竖向地震作用的有效质量系数在个别情况下较难达到 90%；而后者则刚好相反，不能体现耦联关系，但可以得到更多的有效竖向振型。

当选择"整体求解"时，与水平地震力振型相同，给出每个振型的竖向地震力；而选择"独立求解方式"时，还给出竖向振型的各个周期值。计算后程序给出每个楼层、各塔的竖向总地震力，且在最后给出按《高规》第 4.3.15 条进行的调整信息。

2. SATWE 参数之二：风荷载信息（见图 1.6.3）

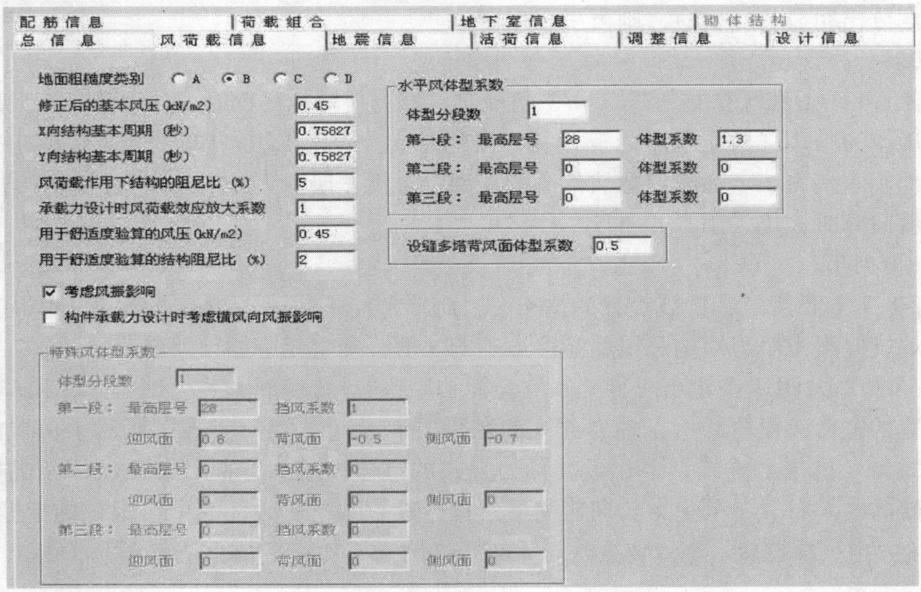

图 1.6.3　风荷载信息

（1）地面粗糙度类别

根据《荷载规范》第 7.2.1 条进行选择，程序按设计人员输入的地面粗糙度类别确定风压高度变化系数。其中的 D 类（密集高层市区）应慎用。

（2）修正后的基本风压（kN/m²）

修正后的基本风压是指考虑地点和环境的影响（如沿海地区和强风地带等，《荷载规范》第 7.2.3 条），在规范规定的基础上将基本风压放大 1.1～1.2 倍。又如《门式刚架轻型房屋钢结构技术规程》CECS 102：2002 中规定，基本风压按《荷载规范》的规定值乘以 1.05 采用。输入此参数时不需要乘风压高度变化系数或风振系数，因为这些系数由程序自动计算。根据《荷载规范》第 7.1.2 条规定"按本规范附录 D.4 中附表 D.4 给出的 50 年一遇的风压采用，但不得小于 0.3kN/m²"。高度超过 60m 或特别重要的高层建筑，侧移计算时可仍取 50 年一遇的风压，详见《高规》第 4.2.2 条及条文说明。需提醒设计人员注意，程序只考虑了《荷载规范》第 7.1.1 条第 1 款的基本风压，地形条件的修正系数 η 在程序中并没有考虑。

（3）X、Y 向结构基本周期（秒）

结构基本周期主要是用来计算风荷载中的风振系数 β_z（详见《荷载规范》第 7.4.2 条规定）。新版 SATWE 程序可以分别指定 X 向和 Y 向的基本周期，用于 X 向和 Y 向风载的计算。对于比较规则的结构，可以采用近似方法计算基本周期：框架结构 $T=(0.08\sim0.10)N$；框剪结构、框筒结构 $T=(0.06\sim0.08)N$；剪力墙结构、筒中筒结构 $T=(0.05\sim0.06)N$，其中 N 为结构层数。设计人员也可以先按程序给定的默认值（程序按《高规》近似公式计算）对结构进行计算，计算完成后再将程序输出的第一平动周期值和第二平动周期值（可在 WZQ.OUT 文件中查询）填入，然后重新计算，从而得到更为准确的风荷载。风荷载计算与否并不会影响结构自振周期的大小。

（4）风载作用下结构的阻尼比

与"结构基本周期"一样，也用于风荷载脉动增大系数 β_z 的计算。新建工程第一次运行 SATWE 程序时，会根据"结构材料信息"自动对"风荷载作用下的阻尼比"赋初值：混凝土结构及砌体结构为 0.05；有填充墙钢结构为 0.02；无填充墙钢结构为 0.01。

旧版 SATWE 程序确定风荷载脉动增大系数是按照《荷载规范》第 7.4.3 条根据结构材料查表取值，2010 版 SATWE 程序则根据《荷载规范》第 7.4.2 条文说明规定直接计算，因此新旧版风荷载值可能略有差异。

（5）承载力设计时风荷载效应放大系数

《高规》第 4.2.2 条规定"对风荷载比较敏感的高层建筑，承载力设计时应按基本风压的 1.1 倍采用"。对于正常使用极限状态的设计，一般仍可采用基本风压值或由设计人员根据实际情况确定。也就是说，部分高层建筑可能在风荷载承载力设计和正常使用极限状态设计时，需要采用两个不同的风压值。为此，SATWE 程序新增了"承载力设计时风荷载效应放大系数"，设计人员只需按照正常使用极限状态确定风压值，程序在进行风荷载承载力设计时，将自动对风荷载效应进行放大，相当于对承载力设计时的风压值进行了提高，这样一次计算就可同时得到全部结果。填写该系数后，程序将直接对风荷载作用下的构件内力进行放大，不改变结构位移。一般情况下，对于房屋高度大于 60m 的高层建筑，承载力设计时风载计算可勾选此项。

（6）用于舒适度验算的风压、阻尼比

《高规》第 3.7.6 条规定"房屋高度不小于 150m 的高层混凝土结构应满足风振舒适要求"。程序根据《高钢规》第 5.5.1-四条，对风振舒适度进行验算，结果在 WMASS.OUT 中输出。按照《高规》要求，验算风振舒适度时结构阻尼比宜取 0.01～0.02，程序默认值取 0.02。"风压"的默认取值与风荷载计算的"基本风压"取值相同，设计人员均可修改。

（7）考虑风振影响

根据《荷载规范》第 7.4.1 条"当结构基本自振周期 T_1 大于 0.25s 时考虑风振系数"，旧版 SAT-

WE 程序中当输入结构的基本周期小于 0.25s 时自动不计算风振系数。对于多层建筑结构任意高度处的风振系数变化，仅在建筑高度大于 30m 且高宽比大于 1.5 时才考虑，其他情况均按 $\beta_z = 1.0$ 考虑。

（8）构件承载力设计时考虑横向风振影响

新的荷载规范条文确定后，程序将增加此项功能，目前暂时不起作用。

（9）体型分段数

现代多、高层结构立面变化较大，不同的区段内的体型系数可能不一样，程序限定体型系数最多可分三段取值。若建筑物立面体型无变化时填 1。由于程序计算风荷载时自动扣除地下室高度，因此分段时只需考虑上部结构，不用将地下室单独分段。

（10）各段最高层号

按各分段内各层的最高层层号填写。若体形系数只分一段或两段时，则仅需填写前一段或两段的信息，其余信息可不填。

（11）各段体形系数

按《荷规》表 7.3.1 取值。对规则建筑（高宽比 H/B 不大于 4 的矩形、方形、十字形平面建筑）取 1.3（详见《高规》第 4.2.3-3 条）。

（12）特殊风载输入

"总信息"菜单"风荷载计算信息"下拉框中，选择"计算特殊风荷载"或者"计算水平和特殊风荷载"时，"特殊风体型系数"变亮，允许修改，否则为灰，不可修改。

"特殊风荷载定义"菜单中使用"自动生成"菜单自动生成全楼特殊风荷载时，需要用到此处定义的信息。

"特殊风荷载"的计算公式与"水平风荷载"相同，区别在于程序自动区分迎风面、背风面和侧风面，分别计算其风荷载，是更为精细的计算方式。应在此处分别填写各区段迎风面、背风面和侧风面的体型系数。

"挡风系数"是为了考虑楼层外侧轮廓并非全部为受风面积，存在部分镂空的情况。当该系数为 1.0 时，表示外侧轮廓全部为受风面积，小于 1.0 时表示有效受风面积占全部外轮廓的比例，程序计算风荷载时按有效受风面积生成风荷载，可用于无填充墙的敞开式结构。

（13）设缝多塔背风面体型系数

该参数主要应用在带变形缝的结构关于风荷载的计算中。对于设缝多塔结构，设计人员可以在"多塔结构补充定义"中指定各塔的挡风面，程序在计算风荷载时会自动考虑挡风面的影响，并采用此处输入的背风面体型系数对风荷载进行修正。需要注意的是，如果设计人员将此参数填为 0，则表示背风面不考虑风荷载影响。对风载比较敏感的结构建议修正，对风载不敏感的结构可以不用修正。

多塔结构的风载计算特点如下：

1）每个塔都拥有独立的迎风面、背风面，在计算风载时，不考虑各塔的相互影响。

2）各塔拥有相同的体型系数，如沿高度方向体型系数要分段，各塔分段也相同。

3）在前处理菜单"多塔结构补充定义"中应将结构定义为多塔结构。如果设计人员未做定义，风载及相应的位移计算有误，可能偏大也可能偏小。

4）每块"刚性楼板"有独立的变形，但不一定有独立的迎风面，只有在某个塔楼范围内全部采用"刚性楼板"假定时，该塔楼在该层所承受的风载与该块"刚性楼板"所承受的风载相同。

5）在风载导算中，程序根据多塔信息搜索每个塔楼的 X、Y 向迎风面，对每个塔楼分别计算其相应的风载。

6）对于有地下室的多塔结构，程序计算风载时自动扣除地下室高度。

7）在风载作用下剪力、倾覆弯矩计算中，对每层每个塔分别统计。

8）设缝多塔属于多塔结构的一种特例，其缝隙面不是迎风面，故此类结构应定义风载遮挡边和背风面体型系数。

3. SATWE 参数之三：地震信息（图 1.6.4）

图 1.6.4　地震信息

　　当抗震设防烈度为 6 度时，某些房屋可不进行地震作用计算，但仍应采取抗震措施，因此当在 PM-CAD 建模的【总信息】中选择了"不计算地震作用"后，在 SATWE 总信息菜单项中设防烈度、框架抗震等级和剪力墙抗震等级仍应按实际情况填写，其他参数可不必考虑。

　　（1）结构规则性信息：规则或不规则

　　该参数目前不起作用。

　　（2）设计地震分组：一、二、三组

　　根据结构所处地区按《抗规》附录 A 选用。

　　（3）设防烈度：6～9 度

　　根据结构所处地区按《抗规》附录 A 选用。如在附录 A 中查不到，则表明该地区为非抗震设计区。

　　（4）场地类别

　　依据《抗震》规范，提供 I_0、I_1、Ⅱ、Ⅲ、Ⅳ共五类场地类别。其中 I_0 类为 2010 版新增的类别。

　　（5）混凝土框架、剪力墙、钢框架抗震等级

　　根据《抗规》表 6.1.2 或《高规》表 3.9.3、表 3.9.4 选择。"0"代表特一级，"5"代表不考虑抗震构造要求。需提醒设计人员注意：乙、丙类建筑的地震作用均按本地区抗震设防烈度计算，但对于乙类建筑，当设防烈度为 6～8 度时，抗震措施应按高于本地区抗震设防烈度一度的要求加强。所谓的抗震措施，在这里主要体现为按本地区抗震设防烈度提高一度，由《抗规》表 6.1.2 确定其抗震等级。根据《抗震分类标准》规定，抗震设防类别划分时应注意以下几点：

　　1）教育建筑中，幼儿园、小学、中学的教学用房以及学生宿舍和食堂，抗震设防类别应不低于重点设防类（简称乙类）。

　　2）商业建筑中，人流密集的大型多层商场抗震设防类别应划为重点设防类。当商业建筑与其他建筑合建时应分别判断，并按区段确定其抗震设防类别。

　　3）二、三级医院的门诊、医技、住院用房，抗震设防类别应划为重点设防类。

　　其中钢框架抗震等级是新规范版 SATWE 软件新增的内容，设计人员应依据《抗规》第 8.1.3 条规定来确定，对应采取不同的调整系数和构造措施。《抗规》第 8.3.1 条规定了框架柱长细比与抗震等级

有关；第 8.3.2 条规定了框架梁、柱板件的宽厚比。

对于混凝土框架和钢框架，程序按照材料进行区分：纯钢截面的构件取钢框架的抗震等级，混凝土或钢与混凝土组合截面的构件，取混凝土框架的抗震等级。

(6) 抗震构造措施的抗震等级

上述框架、剪力墙、钢框架的抗震等级实质上是抗震措施的抗震等级，在某些情况下，抗震构造措施的抗震等级可能和抗震措施的抗震等级不同，2010 版 SATWE 软件新增了此选项，设计时应注意以下几种情况：

1)《抗规》第 3.3.2 条"建筑场地为 I 类时，丙类建筑允许按本地区抗震设防烈度降低一度的要求采取抗震构造措施"（场地好）。

2)《抗规》第 3.3.3 条"建筑场地为 Ⅲ、Ⅳ 类时，对设计基本地震加速度为 0.15g 和 0.30g 的地区，宜分别按 8 度 (0.2g) 和 9 度 (0.4g) 时各抗震设防类别的要求采取抗震构造措施"（场地差）。

3)《抗规》第 6.1.3-4 条"当甲乙类建筑按规定提高一度确定其抗震等级而房屋高度超过本规范表 6.1.2 相应规定的上界时，应采取比一级更有效的抗震构造措施"（高度超限）。

4) 确定乙类和丙类建筑的抗震措施和抗震构造措施的实际烈度见表 1.6.2。

表 1.6.2 确定乙类和丙类建筑的抗震措施和抗震构造措施的实际烈度

类别	设防烈度	6(0.05g)		7(0.1g)		7(0.15g)	8(0.2g)		8(0.3g)	9(0.4g)	
	场地类别	I	Ⅱ~Ⅳ	I	Ⅱ~Ⅳ	Ⅲ~Ⅳ	I	Ⅱ~Ⅳ	Ⅲ~Ⅳ	I	Ⅱ~Ⅳ
乙类	抗震措施	7	7	8	8	8	9	9	9	9+	9+
	抗震构造措施	6	6	7	8	8+	8	9	9+	9	9+
丙类	抗震措施	6	6	7	7	7	8	8	8	9	9
	抗震构造措施	6	6	7	7	8	7	8	8	8	9

(7) 按中震（或大震）设计：不考虑、不屈服和弹性

依据《高规》第 3.11 节，SATWE 新增了两种性能设计的选择，即"弹性设计"和"不屈服设计"。无论选择弹性设计还是不屈服设计，均应在"地震影响系数最大值"中填入中震或大震的地震影响系数最大值，程序将自动执行如下规则：

中震或大震的弹性设计：与抗震等级有关的增大系数均取为 1。

中震或大震的不屈服设计：①荷载分项系数均取为 1；②与抗震等级有关的增大系数均取为 1；③抗震调整系数 γ_{RE} 取为 1；④钢筋和混凝土材料强度采用标准值。

2010 版 SATWE 中震不屈服计算后，程序的相应调整可按如下方法查看：

1) 可以从结果"构件信息"文本文件中，看到钢筋材料强度采用标准值，荷载分项系数均取 1.0；此时风与地震不同时组合。

2) 关于不进行强剪弱弯的放大：例如某框架梁，二级抗震，"构件信息"中其设计剪力 V 如果是带地震的组合，则可通过对应的荷载组合系数和各工况标准值，直接手算组合得到，证明其未进行强剪弱弯的放大。否则该剪力要比手算组合的大。

3) 关于承载力抗震调整系数 γ_{RE} 取 1.0，可由上面的剪力 V 代入相应公式，取 γ_{RE} 为 1.0，手算求得配筋面积应与程序给出的相符。

(8) 斜交抗侧力构件方向附加地震数 (0~5)，相应角度

《抗规》5.1.1 条规定"有斜交抗侧力构件的结构，当相交角度大于 15° 时，应分别计算各抗侧力构件方向的水平地震作用"。设计人员可以在此处指定附加地震方向。附加地震数可在 0~5 之间取值，在相应角度填入各角度值。该角度是与 X 轴正方向的夹角，逆时针方向为正。当斜交角度大于 15° 时应考虑；无斜交构件时取 0。根据《异形柱规程》第 4.2.4 条 1 款规定"7 度 (0.15g) 和 8 度 (0.20g) 时应做 45° 方向的补充验算"。需要提醒设计人员注意以下几点：

1) 多方向地震作用造成配筋增加，但对于规则结构考虑多方向地震输入时，构件配筋不会增加或增加不多。

2) 多方向地震输入角度的选择尽可能沿着平面布置中局部柱网的主轴方向。

3) 建议选择对称的多方向地震，因为风载并未考虑多方向，否则容易造成配筋不对称。如输入45°和225°，程序自动增加两个逆时针旋转90°的角度（即135°和315°），并按这四个角度进行地震力的计算。

4) 程序将计算每一对新增地震作用下的构件内力，并在构件设计时考虑进内力组合中，最后构件验算取最不利的一组。

(9) 考虑偶然偏心：(是) 或 (否)

《高规》第 4.3.3 条规定"计算单向地震作用时，应考虑偶然偏心的影响"；第 3.4.5 条"计算位移比时，必须考虑偶然偏心影响"；第 3.7.3 条注"计算层间位移角时可不考虑偶然偏心"。

考虑偶然偏心计算后，对结构的荷载（总重、风荷载）、周期、竖向位移、风荷载作用下的位移及结构的剪重比等没有影响，而对结构的地震作用和地震作用下的位移（如最大位移、层间位移、位移角等）有较大区别，平均增大 18.47%，对结构构件（梁、柱）的配筋平均增大 2% ~3%。

程序在进行偶然偏心计算时，总是假定结构所有楼层质量同时向某个方向偏心，对于不同楼层向不同方向运动的情况（比如某一层沿 X 正向运动，另一楼层沿 X 负向运动），程序没有考虑。偶然偏心对结构的影响是比较大的，一般会大于双向地震作用的影响，特别是对于边长较大结构的影响更大。

(10) 考虑双向地震作用：(是) 或 (否)

根据《抗规》第 5.1.1-3 条和《高规》第 4.3.2-2 条规定"质量和刚度分布明显不对称的结构，应计入双向地震作用下的扭转影响"。规范中提到的"质量与刚度分布明显不均匀不对称"，主要看结构刚度和质量的分布情况以及结构扭转效应的大小。一般而言，可根据在规定的水平力作用下，楼层最大位移与平均位移之比值判断：若该值超过扭转位移比下限 1.2 较多（比如 A 级高度高层建筑 >1.4，或 B 级高度或复杂高层建筑 >1.3），则可认为扭转明显，需考虑双向地震作用下的扭转效应计算。

《高规》第 4.3.10-3 条规定了双向地震作用效应的计算方法。计算分析表明，双向地震作用对结构竖向构件（如框架柱）设计影响较大，对水平构件（如框架梁）设计影响不明显。需要提醒设计人员注意：

1) 2010 版 SATWE 允许同时选择偶然偏心和双向地震作用，两者取不利，结果不叠加。

2) 考虑双向地震作用，并不改变内力组合数。

3) SATWE 在进行底框计算时，不应选择地震参数中的偶然偏心和双向地震作用，否则计算会出错。

(11) 计算振型个数

计算振型数一般取 3 的倍数；当考虑扭转耦联计算时，振型数不少于 9，且 ≤3 倍层数，非耦联时不小于 3，且小于或等于层数。需提醒设计人员注意的是，指定的振型数不能超过结构的固有振型总数，否则会造成计算结果异常。不论何种结构类型，计算中振型数是否取够应根据试算后 WZQ.OUT 给出的有效质量的参与数是否达到 90% 来决定（见《抗规》第 5.2.2 条说明和《高规》第 5.1.13.1 条规定）。当采用扭转耦联计算地震力时，高层建筑的振型数可先取 15，多层建筑可直接取 3 倍结构模型的层数。如果选取的振型组合数已经增加到结构层数的 3 倍，其有效质量系数仍不能满足要求，此时不能再增加振型数，而应认真分析原因，考虑结构方案是否合理。

(12) 活荷重力荷载代表值组合系数

该参数只是改变楼层质量，而不改变荷载总值（即对竖向荷载作用下的内力计算无影响），依据按《抗规》第 5.1.3 条和《高规》第 4.3.6 条取值。一般民用建筑楼面等效均布活荷载取 0.5，此时各层活载不考虑《荷规》第 4.1 条规定的折减。需要注意的是，根据建筑各楼层使用功能的不同，活荷载组合值系数并非是一成不变的，而是根据使用条件的不同而改变。在 WMASS.OUT 文件中"各层的质量、质心坐标信息"项输出的"活载产生的总质量"为已乘上组合系数后的结果。在"地震信息"栏修改本参数，则"荷载组合"栏中"活荷重力代表值系数"联动改变。

需要说明的是："荷载组合"页中还有一项"活荷重力代表值系数"参数，两者容易混淆。前者用于地震作用的计算，后者则用于地震验算，即地震作用效应的基本组合中重力荷载效应的活荷载组合值系数。《抗规》第 5.4.1 条和条文说明均明确指出：验算和计算地震作用时，对重力荷载均采用相同的组合值系数。因此这两处系数含义不同，但取值应相同。

(13) 周期折减系数

在框架结构及框剪等结构中，由于填充墙的存在使结构实际刚度大于计算刚度，实际周期小于计算周期，据此周期值算出的地震剪力将偏小，会使结构偏不安全。周期折减系数不改变结构的自振特性，只改变地震影响系数 α，详见《高规》第 4.3.17 条及《高钢规》第 4.3.6 条。当非承重墙体为砌体墙时，高层建筑结构的计算自振周期折减系数可按表 1.6.3 取值，多层结构折减系数可参考《高规》规定。

表 1.6.3　不同结构类型周期折减系数

结构类型	框架结构	框剪结构	框筒结构	剪力墙结构	钢结构
砌体墙	0.6 ~ 0.7	0.7 ~ 0.8	0.8 ~ 0.9	0.8 ~ 1.0	0.90

对于某些工程，输入周期折减系数后，计算结果没有任何变化。这主要是因为结构的自振周期很小，位于振型分解反应谱法的平台段，乘以周期折减系数后，仍位于平台段，所以在地震作用下结构的基底剪力和层间位移角不会有任何变化。提醒设计人员注意：当结构层间侧移角略大于规范的限值时，建议通过"周期折减系数"和"中梁刚度放大系数"调整，这往往可以达到事半功倍的效果。规范对周期折减的规定是强条，但折减多少则不是强制性条文，这就要求在折减时慎重考虑，既不能折得太多，也不能折得太少，因为折减不仅影响结构的内力，同时还影响结构的位移。

(14) 结构的阻尼比 (%)

根据《抗规》第 5.1.5-1 条和《高规》第 4.3.8-1 条规定"一般混凝土结构取 0.05"；《荷载规范》条文说明 7.4.2 ~ 7.4.5 中指出："无填充墙的钢结构阻尼比取 0.01，有填充墙的钢结构阻尼比取 0.02，对钢筋混凝土及砖石砌体结构取 0.05"。混合结构在二者之间取值。程序默认值为 0.05。《抗规》第 8.2.2 条规定"钢结构在多遇地震下的计算，高度不大于 50m 时可取 0.04；高度大于 50m 且小于 200m 时，可取 0.03；高度不小于 200m 时，宜取 0.02；在罕遇地震下的分析，阻尼比可取 0.05"。对于采用消能减振器的结构，在计算时可填入消能减震结构的阻尼比（消能减震结构的阻尼比 = 原结构的阻尼比 + 消能部件附加有效阻尼比），而不必改变特定场地土的特性值 T_g，程序会根据设计人员输入的阻尼比进行地震影响系数 α 的自动修正计算。

(15) 特征周期 (s)、地震影响系数最大值、用于 12 层以下框架薄弱层验算的地震影响系数最大值

程序依据《抗规》第 3.2.3 条、第 5.1.4 条表 5.1.4-2 取特征周期值。依据《抗规》表 5.1.4-1 取地震影响系数最大值，由"总信息"页"结构所在地区"参数、"地震信息"页"场地类别"和"设计地震分组"三个参数确定"特征周期"的默认值；"地震影响系数最大值"和"用于 12 层以下规则混凝土框架结构薄弱层验算的地震影响系数最大值"则由"总信息"页"结构所在地区"参数和"地震信息"页"设防烈度"两个参数共同控制。当改变上述相关参数时，程序将自动按规范重新判断特征周期或地震影响系数最大值。

设计人员也可以根据需要进行修改，但要注意当上述几项相关参数如"场地类别"、"设防烈度"等改变时，设计人员修改的特征周期或地震影响系数值将不保留，自动恢复为规范值，应注意确认。

"地震影响系数最大值"即旧版中的"多遇地震影响系数最大值"，用于地震作用的计算，无论多遇地震或中、大震弹性或不屈服计算时均应在此处填写"地震影响系数最大值"。"用于 12 层以下规则

混凝土框架结构薄弱层验算的地震影响系数最大值"即旧版的"罕遇地震影响系数最大值"，仅用于12层以下规则混凝土框架结构的薄弱层验算。

（16）竖向地震作用系数底线值

根据《高规》第4.3.15条规定："大跨度结构、悬挑结构、转换结构、连体结构的连接体的竖向地震作用标准值不宜小于结构或构件承受的重力荷载代表值与表4.3.15所规定的竖向地震作用系数的乘积"，程序设置"竖向地震作用系数底线值"这项参数以确定竖向地震作用的最小值，当振型分解反应谱方法计算的竖向地震作用小于该值时，将自动取该参数确定的竖向地震作用底线值。

程序按不同的设防烈度确定默认的竖向地震作用系数底线值，设防烈度修改时，该参数也联动改变，设计人员也可自行修改，该参数作用相当于竖向地震作用的最小剪重比。在WZQ.OUT文件中输出竖向地震作用系数的计算结果，如果不满足要求则自动进行调整。

（17）自定义地震影响系数曲线

SATWE允许设计人员输入任意形状的地震设计谱，以考虑来自安全评估报告或其他情形的比规范设计谱更贴切的反应谱曲线。单击该按钮，在弹出的对话框中可查看按规范公式的地震影响系数曲线，并可在此基础上根据需要进行修改，形成自定义的地震影响系数曲线，如图1.6.5所示。

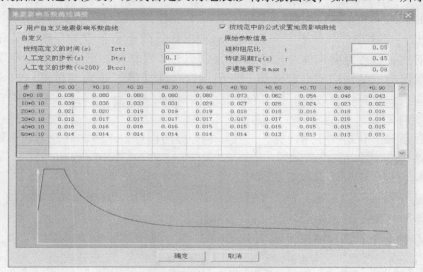

图1.6.5　自定义的地震影响系数曲线

4. SATWE参数之四：活荷信息

（1）柱、墙、基础设计时活荷载：不折减或折减

作用在楼面上的活荷载，不可能以标准值的大小同时满布在所有楼面上，因此在设计柱、墙和基础时，需要考虑实际荷载沿楼面分布的变异情况。勾选该项后，程序根据《荷载规范》第4.1.2-2条对全楼活载进行折减。需要注意的是，在PMCAD建筑模型与荷载输入→主菜单→荷载输入→恒活载设置菜单下也有"考虑活荷载折减"选项。若两处都选折减，则荷载折减系数会累加，即在PMCAD中折减过的荷载将在SATWE中再次折减，使结构不安全。

PMCAD中考虑楼面荷载折减后，倒算出的主梁活荷载均已进行了折减，这可在"荷载校核"菜单中查看结果，并在后面所有菜单中的梁活荷载均使用折减后结果；但程序对倒算到墙上的活载并没有折减。

SATWE软件目前还不能考虑《荷载规范》第4.1.2条1款对楼面梁的活载折减。

按照《荷载规范》第4.1.2条2款规定：活荷载可以按照楼层数折减。当房屋类别为《荷载规范》表4.1.1第1（1）项时，柱、墙竖向构件的活荷载及传给基础的活荷载可以按楼层数进行折减；当为其他房屋类别时，可以根据《荷载规范》第4.1.2条2款（2）～（4）项规定，采取相应的折减系数。在此需要说明的是，程序中进行的基础的活荷载折减只是传到底层最大组合内力（WDCNL. OUT 文件）中，并没有传给 JCCAD，因为 JCCAD 读取的是 SATWE 计算后各工况的标准值。如果需要考虑传给基础的活荷载折减，则应到 JCCAD 的"荷载参数"中输入相应折减系数。

《荷载规范》中活载折减仅适用于民用建筑，对工业建筑则不应折减。程序对按支撑定义的斜柱不做活载折减。

对于下面几层是商场，上面是办公楼的结构，鉴于目前的 PKPM 版本对于上、下楼层不同功能区域活荷载传给墙柱基础时的折减系数不能分别按规范取值，故折减系数建议按偏安全的取值方法。

（2）柱、墙、基础活荷载折减系数

柱、墙、基础设计活荷载折减系数按《荷载规范》表 4.1.2 填写。此处的折减系数仅当折减柱墙设计活荷载或折减传给基础的活荷载勾选后才生效。旧版程序对带裙房高层的所有楼层取统一折减系数，即裙房部分活荷载折减系数过大，会造成安全隐患。新版程序对每个柱、墙计算截面上方的楼层数自动分析计算，从而可以取得正确的活载折减系数。

（3）梁活荷载不利布置的计算层数

若将此参数填"0"，表示不考虑梁活荷载不利布置作用，若填入大于零的数 NL，就表示从 1 ~ NL 各层均考虑梁活荷载的不利布置，而 NL + 1 层以上则不考虑活荷载不利布置。若 NL 等于结构的总层数 Nst，则表示对全楼均考虑活荷载的不利布置作用。考虑活荷载不利布置后，程序仅对梁作活荷载不利布置作用计算，对柱、墙等竖向构件并未考虑活荷载不利布置作用，而只考虑了活荷载一次性满布作用。建议一般多层混凝土结构应取全部楼层，高层宜取全部楼层，详见《高规》第 5.1.8 条。对于多层钢结构，按竖向荷载计算构件效应时，可仅考虑各跨满载的情况，当无地震作用组合时，应考虑各跨活载的不利布置影响。

软件仅对梁做活载不利布置作用计算，对柱、墙等竖向构件，未考虑活载不利布置作用，而是仅考虑活载一次满布作用的工况。

（4）考虑结构使用年限的活载调整系数

该参数取值见《高规》第 5.6.1 条，设计使用年限为 50 年时取 1.0，100 年时取 1.1。在荷载效应组合时活载组合系数将乘上考虑使用年限的调整系数。

5. SATWE 参数之五：调整信息（见图 1.6.6）

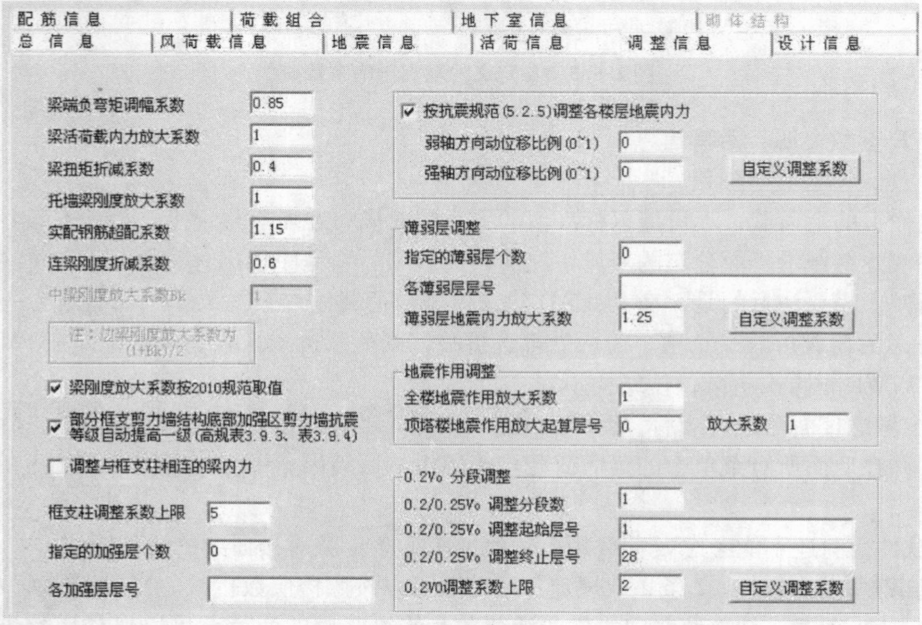

图 1.6.6　调整信息

（1）梁端负弯矩调幅系数：BT = 0.85

在竖向荷载作用下，当考虑框架梁及连梁端塑性变形内力重分布时，可对梁端负弯矩进行调幅，并相应增加其跨中正弯矩，详见《高规》第 5.2.3 条。此项调整只针对竖向荷载，对地震力和风荷载不起作用。梁端负弯矩调幅系数，对于装配整体式框架取 0.7 ~ 0.8；对于现浇框架取 0.8 ~ 0.9；对悬臂梁的负弯矩不应调幅。设计人员可在"特殊构件补充定义"菜单中设置，SATWE 程序取默认值 0.85。

经 SATWE 计算后使用梁平法施工图时，其裂缝宽度计算读取的是 SATWE 组合后的设计弯矩，即包括了各种调整以后的内力值。建议用户将"调幅系数"和"考虑柱宽的有利因素"两项不同时选择。梁端负弯矩调幅系数对纯钢梁不起作用，但是对钢与混凝土组合梁起作用，因为按《钢规》第 11.1.6 条规定，最大可以考虑 15% 的塑性发展内力调幅。转角凸窗处的转角梁的负弯矩调幅及扭矩折减系数均应取 1.0。

（2）梁活荷载内力放大系数：BM = 1.0

该系数只对梁在满布活载下的内力（包括弯矩、剪力、轴力）进行放大，然后与其他荷载工况进行组合，一般工程建议取 1.1 ~ 1.2；如果已经考虑了活荷载不利布置，则应取 1.0。

（3）梁扭矩折减系数：TB = 0.4

对于现浇楼板结构，当采用刚性楼板假定时，可以考虑楼板对梁的抗扭作用而对梁扭矩进行折减。折减系数可在 0.4 ~ 1.0 范围内取值，建议一般取默认值 0.4（详见《高规》第 5.2.4 条）。但对结构转换层的边框架梁扭矩折减系数不宜小于 0.6。SATWE 程序中考虑了梁与楼板间的连接关系，对于不与楼板相连的梁该扭矩折减系数不起作用；而 TAT 程序则没有考虑梁与楼板的连接关系，故该折减系数对所有的梁都起作用。目前 SATWE 程序"梁扭矩折减系数"对弧形梁、不与楼板相连的独立梁均不起作用。

SATWE 前处理"特殊构件补充定义"中的右侧菜单"特殊梁"下，用户可以交互指定楼层中各梁的扭矩折减系数。在此处程序默认显示的折减系数，是没有搜索独立梁的结果，即所有梁的扭矩折减系数均按同一折减系数显示。但在后面计算时，SATWE 软件自动判断梁与楼板的连接关系，对于楼板相连单侧或两侧的梁，直接取交互指定的值来计算；对于两侧都未与楼板相连的独立梁，梁扭矩折减系数不做折减，不管交互指定的值为多少，均按 1.0 计算。提醒设计人员注意：

1）若考虑楼板的弹性变形，梁的扭矩应不折减或少折减。

2）梁两侧有弹性板时，梁刚度放大系数及扭矩折减系数仍然有效。

（4）连梁刚度折减系数：BLZ = 0.7

多、高层结构设计中允许连梁开裂，开裂后连梁刚度会有所降低，程序通过该参数来反映开裂后的连梁刚度（详见《抗规》第 6.2.13-2 条及《高规》第 5.2.1 条）。计算地震内力时，连梁刚度可折减；计算位移时，可不折减。连梁的刚度折减是对抗震设计而言的，对非抗震设计的结构，不宜进行折减。折减系数与设防烈度有关，设防烈度高时可折减多些；设防烈度低时可折减少些，一般不宜小于 0.5。需要注意的是：

1）无论是按照框架梁输入的连梁，还是按照剪力墙输入的洞口上方的墙梁，程序都进行刚度折减。

2）按照框架梁方式输入的连梁，可在"特殊构件补充定义"菜单"特殊梁"下指定单构件的折减系数；按照剪力墙输入的洞口上方的墙梁，则可在"特殊墙"菜单下修改单构件的折减系数。

3）根据《高规》第 5.2.1 规定"高层建筑结构地震作用效应计算时，可对剪力墙连梁刚度予以折减，折减系数不宜小于 0.5"。指定该折减系数后，程序在计算时只在集成地震作用计算刚度阵时进行折减，竖向荷载和风荷载计算时连梁刚度不予折减。

（5）中梁刚度放大系数：BK = 2.0

根据《高规》第 5.2.2 条，"现浇楼面中梁的刚度可考虑翼缘的作用予以增大，现浇楼板取值 1.3 ~ 2.0"。通常现浇楼面的边框梁可取 1.5，中框梁可取 2.0；对压型钢板组合楼板中的边梁取 1.2，中梁取 1.5（详《高钢规》第 5.1.3 条）。当梁翼缘厚度与梁高相比较小时梁刚度增大系数可取较小值，反之取较大值，而对其他情况下（包括弹性楼板和花纹钢板楼面）梁的刚度不应放大。该参数对连梁不起作用，对两侧有弹性板的梁仍然有效。

梁刚度放大的主要目的，是为了考虑在刚性板假定下楼板刚度对结构的贡献。梁的刚度放大并非是为了在计算梁的内力和配筋时，将楼板作为梁的翼缘，按 T 形梁设计，以达到改变梁的内力和配筋的目的，而仅仅是为了近似考虑楼板刚度对结构的影响。该参数的大小对结构的周期、位移等均有影响。

SATWE 前处理"特殊构件补充定义"中的右侧菜单"特殊梁"下，设计人员可以交互指定楼层中各梁的刚度放大系数。在此处程序默认显示的放大系数，是没有搜索边梁的结果，即所有梁的刚度放大系数均按中梁刚度放大系数显示。但在后面计算时，SATWE 软件自动判断梁与楼板的连接关系，对于两侧都与楼板相连的梁，直接取交互指定的值来计算；对于仅有一侧与楼板相连的梁，梁刚度放大系数取 $(B_K + 1)/2$；对两侧都不与楼板相连的独立梁，不管交互指定的值为多少，均按 1.0 计算。梁刚度放大系数只影响梁的内力（即效应计算），在 SATWE 里不影响梁的配筋计算（即抗力计算）。

（6）梁刚度放大系数按 2010 规范取值

考虑楼板作为翼缘对梁刚度的贡献时，对于每根梁，由于截面尺寸和楼板厚度的差异，其刚度放大系数可能各不相同，SATWE 提供了按 2010 规范取值的选项，勾选此项后，程序将根据《混规》第 5.2.4 条的表格，自动计算每根梁的楼板有效翼缘宽度，按照 T 形截面与梁截面的刚度比例，确定每根梁的刚度系数。刚度系数计算结果可在"特殊构件补充定义"中查看，也可以在此基础上修改。如果不勾选，则仍按上一条所述，即对全楼指定唯一的刚度系数。推荐使用此项参数。

（7）调整与框支柱相连的梁内力：是或否

《高规》第 10.2.17 条："框支柱剪力调整后，应相应调整框支柱的弯矩及柱端框架梁（不包括转换梁）的剪力、弯矩，但框支梁的剪力、弯矩和框支柱轴力可不调整"。由于框支柱的内力调整幅度较大，若相应调整框架梁的内力，则有可能使框架梁设计不下来。勾选后程序会调整与框支柱相连的框架梁的内力。

（8）托墙梁刚度放大系数

对于实际工程中"转换大梁上面托剪力墙"的情况，当用户使用梁单元模拟转换大梁，用壳单元模式的墙单元模拟剪力墙时，墙与梁之间的实际的协调工作关系在计算模型中不能得到充分体现，存在近似性。实际的结构受力情况是，剪力墙的下边缘与转换大梁的上表面变形协调。计算模型的情况是，剪力墙的下边缘与转换大梁的中性轴变形协调；于是计算模型中的转换大梁的上表面在荷载作用下将会与剪力墙脱开，失去本应存在的变形协调性。也就是说，与实际情况相比，计算模型的刚度偏柔了。这就是软件提供托墙梁刚度放大系数的原因。

为了再现真实的刚度，根据经验，托墙梁刚度放大系数一般可以取为 100 左右。当考虑托墙梁刚度放大时，转换层附近的超筋情况（若有）通常可以缓解。当然，为了使设计保持一定的富裕度，也可以不考虑或少考虑托墙梁刚度放大系数。

使用该功能时，设计人员只需指定托墙梁刚度放大系数，托墙梁段的搜索由软件自动完成，即剪力墙（不包括洞口）下的那段转换梁，按此处输入的系数对抗弯刚度进行放大。最后指出一点，这里所说的"托墙梁段"在概念上不同于规范中的"转换梁"，"托墙梁段"特指转换梁与剪力墙"墙柱"部分直接相接、共同工作的部分，比如说转换梁上托开门洞或窗洞的剪力墙，对洞口下的梁段，程序就不看做"托墙梁段"，不作刚度放大。建议一般取默认值 100。

（9）按《抗规》第 5.2.5 条调整各楼层地震内力：是或否

用于调整剪重比，一般选"是"（详见《抗规》第 5.2.5 条和《高规》第 4.3.12 条）。抗震验算时，结构任一楼层的水平地震的剪重比不应小于《抗规》中表 5.2.5 给出的最小地震剪力系数值。当结构某楼层的地震剪力小得过多，地震剪力调整系数过大，说明该楼层结构刚度过小，其地震作用主要不是地震加速度而是地震地面运动速度和位移引起的。此时应先调整结构布置和相关构件的截面尺寸，提高结构刚度，使计算的剪重比能自然满足规范要求；其次才考虑调整地震力。设计人员也可点取"自定义调整系数"，分层分塔指定剪重比调整系数，数据记录在 SATSHEARRATIO. PM 文件中，程序优先读取该文件信息，如该文件不存在，则取自动计算的系数。

（10）部分框支剪力墙结构底部加强区剪力墙抗震等级自动提高一级：是或否

根据《高规》表 3.9.3、表 3.9.4，部分框支剪力墙结构底部加强区和非底部加强区的剪力墙抗震等级可能不同。对于"部分框支剪力墙结构"，如果设计人员在"地震信息"页"剪力墙抗震等级"中填入部分框支剪力墙结构中一般部位剪力墙的抗震等级，并在此勾选了"部分框支剪力墙结构底部加强区剪力墙抗震等级自动提高一级"，程序将自动对底部加强区的剪力墙抗震等级提高一级。

（11）实配钢筋超配系数

对于 9 度设防烈度的各类框架和一级抗震等级的框架结构，框架梁和连梁端部剪力、框架柱端弯矩、剪力调整应按实配钢筋和材料强度标准值来计算。根据《抗规》第 6.2.2 条、第 6.2.5 条及《高规》第 6.2.1 条 ~ 6.2.5 条，一、二、三、四级抗震等级分别取不同的增大系数进行调整后配筋，一般实际配筋均大于计算的设计值。

（12）薄弱层地震内力放大系数

《抗规》第 3.4.4-2 条规定薄弱层的地震剪力增大系数不小于 1.15，《高规》第 3.5.8 条则要求为1.25。SATWE 对薄弱层地震剪力调整的做法是直接放大薄弱层构件的地震作用内力，因此，新版增加了"薄弱层地震内力放大系数"，由设计人员指定放大系数，以满足不同需求。程序默认值为 1.25。

设计人员也可点取"自定义调整系数"，分层分塔指定薄弱层调整系数，数据记录在 SATINPUT-WEAK. PM 文件中，程序优先读取该文件信息，如该文件不存在，则取自动计算的系数。

（13）指定的薄弱层个数及层号

SATWE 对所有楼层都计算其楼层刚度及刚度比，根据刚度比自动判断薄弱层（多遇地震下的薄弱层，计算结果可在 WMASS. OUT 文件中查看），并对薄弱层的地震力自动放大 1.25 倍（见《高规》第3.5.8 条，《抗规》第 3.4.4-2 条要求是 1.15 倍），新版 SATWE 中增加了是否将转换层号自动识别为薄弱层的选项（详见"总信息"栏"转换层指定为薄弱层"参数），勾选后，则不需在此处层号中再输入转换层层号。需要注意的是对于桁架转换结构，其竖向构件不连接常发生在转换桁架的上、下层，此时应手工输入该层号作为薄弱层。

根据《异形柱规程》第 3.2.5 条 2 款，薄弱层的放大系数应取 1.2，用户可根据需要调整此参数。对于建筑层高相同（或相近）的多层框架结构，由于规范要求底层柱计算高度应算至基础顶面，致使底层抗侧刚度小于上部结构而出现薄弱层。这种情况下，对底层的地震力进行放大 1.15 倍即可，不必采取刻意加大底层柱截面、减小上部柱截面的做法。

WMASS. OUT 中给出了楼层受剪承载力的比值，如果此比值不满足规范要求，目前 SATWE 程序不能按照该比值自动进行薄弱层判断并进行内力放大，设计人员应调整结构或人为指定薄弱层。输入薄弱层的层号后，程序对薄弱层构件的地震作用内力按"薄弱层地震内力放大系数"进行放大，输入时以逗号或空格隔开。多塔结构还可以在"多塔结构补充定义"菜单中分塔指定薄弱层。

（14）指定的加强层个数及相应层号

加强层是新版 SATWE 新增的参数，由设计人员指定，程序自动实现如下功能：

1）加强层及相邻层柱、墙抗震等级自动提高一级。

2）加强层及相邻层柱轴压比限值减小 0.05（见《高规》第 10.3.3 条）。

3）加强层及相邻层设置约束边缘构件。

多塔结构还可在"多塔结构补充定义"菜单分塔指定加强层。

（15）全楼地震作用放大系数：RSF = 1.0

为提高某些重要工程的结构抗震安全度，可通过此参数来放大地震力，建议一般采用默认值 1.0。在吊车荷载的三维计算中，吊车桥架重和吊重产生的竖向荷载，与恒载和活载不同，软件目前不能识别并将其质量带入到地震作用计算中，会导致计算地震力偏小。这时可采用此参数对其进行近似放大来考虑。二维 PK 排架计算地震作用时，可以考虑桥架质量和吊重。

（16）$0.2V_0$ 分段调整

$0.2V_0$ 调整只针对框剪结构和框架-核心筒中的框架梁、柱的弯矩和剪力，不调整轴力（见《高规》第 8.1.3 条、第 8.1.4 条及第 9.1.11 条规定）。在程序中，$0.2V_0$ 是否调整与"总信息"栏的"结构体系"选项无关。框架剪力的调整必须满足规范规定的楼层"最小地震剪力系数（剪重比）"的前提下进行。调整起始层号，当有地下室时宜从地下一层顶板开始调整；调整终止层号，应设在剪力墙到达的层号；当有塔楼时，宜算到不包括塔楼在内的顶层为止，或者填写 SATINPUT02V.PM 文件，实现人工指定各层的调整系数。

根据《高规》第 8.1.4 条分段调整时，每段的层数不应少于 3 层，底部加强部位的楼层应在同一段内。对于转换层框支柱，《高规》第 10.2.17 条规定了地震剪力调整方法。SATWE 只需在特殊构件中选定框支柱，程序会自动进行框支柱的地震剪力调整，不需再进行 $0.2V_0$ 调整。设计人员也可点取"自定义调整系数"，分层分塔指定 $0.2V_0$ 调整系数，数据记录在 SATINPUT02V.PM 文件中，如果不需要，则可直接删除该文件，或将注释行下内容清空即可。程序优先读取该文件信息，如该文件不存在，则取自动计算的系数。

需提醒设计人员注意：

1）自定义 $0.2V_0$ 调整系数时，仍应在参数中正确填入 $0.2V_0$ 调整的分段数和起始、终止层号，否则，自定义调整系数将不起作用。

2）程序默认的最大调整系数为 2.0，实际工程中可能不满足规范要求，此时用户可把"起始层号"填为负值（如 -2），则程序将不控制上限，否则程序仍按上限为 2.0 控制。

3）当结构体系选择"有填充墙或无填充墙钢结构"时，程序自动作 min（$0.25V_0$，$1.8V_{fmax}$）的调整，详见《抗规》8.2.3 条 3 款。非抗震设计时，不需要进行 $0.2V_0$ 调整。

（17）$0.2V_0$、框支柱调整上限

由于程序计算的 $0.2V_0$ 调整和框支柱的调整系数值可能很大，用户可设置调整系数的上限值，这样程序进行相应调整时，采用的调整系数将不会超过这个上限值。程序默认 $0.2V_0$ 调整上限为 2.0，框支柱调整上限为 5.0，可以自行修改。

（18）顶塔楼地震作用放大起算层号及放大系数

顶塔楼通常指突出屋面的楼、电梯间、水箱间等。设计人员可以通过这个系数来放大结构顶部塔楼的地震力，若不调整顶部塔楼的内力，可将起算层号及放大系数均填为 0（详见《抗规》第 5.2.4 条）。此系数仅放大顶塔楼的地震内力，并不改变其位移。

6. SATWE 参数之六：设计信息（图 1.6.7）

（1）结构重要性系数：RWO = 1.0

该参数用于非抗震组合的构件承载力验算（详见《混规》公式 3.3.2-1）。当结构安全等级为二级或设计使用年限为 50 年时，应取 1.0。建议一般取默认值 1.0。

（2）梁、柱保护层厚度（mm）：COVER = 20

实际工程必须先确定构件所处环境类别，然后根据《混规》8.2.1 条填入正确的保护层厚度。构件所属的环境类别见《混规》表 3.5.2。根据新《混规》规定，保护层厚度指截面外边缘至最外层钢筋（包括箍筋、构造筋、分布筋等）外缘的距离，设计时应格外注意。

（3）钢构件截面净毛面积比

该参数是用来描述钢截面被开洞（如螺栓孔等）后的削弱情况。该值仅影响强度计算，不影响应

力计算。建议当构件连接全为焊接时取 1.0，螺栓连接时取 0.85。

（4）考虑 P-DELTA 效应：是或否

重力二阶效应一般称 P-Δ 效应，在建筑结构分析中指的是竖向荷载的侧移效应。《抗规》第 3.6.3 条规定，"当结构在地震作用下的重力附加弯矩大于初始弯矩的 10% 时，应计入重力二阶效应的影响"。《高规》第 5.4.2 条规定，"当高层建筑结构不满足本规程第 5.4.1 条的规定时，结构弹性计算时应考虑重力二阶效应对水平力作用下结构内力和位移的不利影响"。建议一般先不选择，经试算后根据 WMASS. OUT 文件中给出的结论来确定。对于高层钢结构宜考虑。考虑 P-Δ 效应后，对高层的影响是"中间大两端小"。

一般钢结构构件相对于钢筋混凝土构件来说，截面小、刚度小，因此结构的位移要比钢筋混凝土结构大些，因此在计算多层钢结构时，宜考虑 P-Δ 效应，计算高层钢结构时，应考虑 P-Δ 效应（详见《抗规》第 8.2.3 条 1 款）。考虑 P-Δ 效应后，水平位移增大约 5% ~ 10%。一般当层间位移角大于 1/250 时应该考虑 P-Δ 效应。

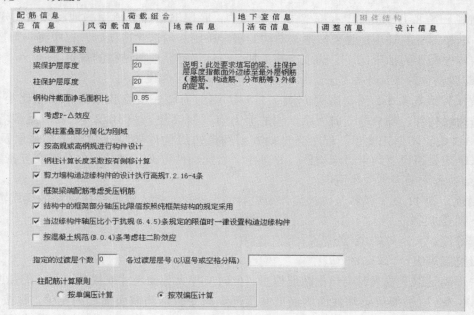

图 1.6.7　设计信息

（5）梁柱重叠部分简化为刚域：（是）或（否）

若不作为刚域，即将梁柱重叠部分作为梁长度的一部分进行计算；若作为刚域，则是将梁柱重叠部分作为柱宽度进行计算（详见《高规》5.3.4 条）。2008 版以前只有梁刚域，2010 版增加了柱刚域。建议一般选择（否）；而对异形柱框架结构，宜选择（是）。勾选后，可能会改变梁端弯矩、剪力。提醒设计人员注意：

1）当考虑了梁端负弯矩调幅后，则不宜再考虑节点刚域。

2）当考虑了节点刚域后，则在梁平法施工图中不宜再考虑支座宽度对裂缝的影响。

（6）按《高规》或《高钢规》进行构件设计：（是）或（否）

点取此项，程序按《高规》进行荷载组合计算，按《高钢规》进行构件设计计算；否则按多层结构进行荷载组合计算，按普通钢结构规范进行构件设计计算。

（7）钢柱计算长度系数按有侧移计算：（是）或（否）

该参数仅对钢结构有效，对混凝土结构不起作用，分为有侧移和无侧移两个选项。根据《钢规》5.3.3 条，对于无支撑纯框架，选择有侧移，对于有支撑框架，应根据是"强支撑"还是"弱支撑"

来选择有侧移还是无侧移（即有支撑框架是否无侧移应事先通过计算判断）。通常钢结构宜选择"有侧移"，如不考虑地震、风作用时，可以选择"无侧移"。钢柱的有侧移或无侧移，也可近似按以下原则考虑：

1）当楼层最大柱间位移小于 1/1000 时，可以按无侧移设计。

2）当楼层最大柱间位移大于 1/1000 但小于 1/300 时，柱长度系数可以按 1.0 设计。

3）当楼层最大柱间位移大于 1/300 时，应按有侧移设计。

（8）剪力墙构造边缘构件的设计执行《高规》7.2.16-4 条：（是）或（否）

《高规》第 7.2.16-4 条规定："抗震设计时，对于连体结构、错层结构以及 B 级高度高层建筑结构中的剪力墙（筒体），其构造边缘构件的最小配筋应按照要求相应提高"。勾选此项时，程序将一律按照《高规》第 7.2.16-4 条的要求控制构造边缘构件的最小配筋，即对于不符合上述条件的结构类型，也进行从严控制；如不勾选，则程序一律不执行此条规定。

（9）结构中框架部分轴压比限值按照纯框架结构的规定采用

根据《高规》第 8.1.3 条规定，框架-剪力墙结构，底层框架部分承受的地震倾覆力矩的比值在一定范围内时，框架部分的轴压比需要按框架结构的规定采用。勾选此选项后，程序将一律按纯框架结构的规定控制结构中框架的轴压比，除轴压比外，其余设计仍遵循框剪结构的规定。

（10）当边缘构件轴压比小于抗规（6.4.5）条规定时，一律设置构造边缘构件

根据《抗规》表 6.4.5-1 和《高规》表 7.2.14，当剪力墙底层墙肢截面的轴压比小于某限值时，可以只设构造边缘构件。部分框支剪力墙结构的剪力墙（《高规》第 10.2.20 条）及多塔建筑（《高规》第 10.6.3-3 条）不适用此项。程序会自动判断约束边缘构件楼层（考虑了加强层及其上下层），并按此参数来确定是否设置约束边缘构件，并可在"特殊构件定义"里分层、分塔交互指定。

（11）框架梁端配筋考虑受压钢筋

按照《混规》第 11.3.1 条：考虑地震作用组合的框架梁，计入纵向受压钢筋的梁端混凝土受压区高度应符合下列要求：

一级抗震等级：　　　　$x \leqslant 0.25 h_0$；

二、三级抗震等级：　　$x \leqslant 0.35 h_0$；

当计算中不满足以上要求时会给出超筋提示，此时应加大截面尺寸或提高混凝土的强度等级。按照《混规》11.3.6 条："框架梁梁端截面的底部和顶部纵向受力钢筋截面面积的比值，除按计算确定外，一级抗震等级不应小于 0.5；二、三级抗震等级不应小于 0.3"。由于软件中对框架梁端截面按正、负包络弯矩分别配筋（其他截面也是如此），在计算梁上部配筋时并不知道可以作为其受压钢筋的梁下部的配筋，按《混规》11.3.1 条的受压区高度 ξ 验算时，考虑到应满足《混规》第 11.3.6 条的要求，程序自动取梁上部计算配筋的 50% 或 30% 作为受压钢筋计算。计算梁的下部钢筋时也是这样。

《混规》5.4.3 条要求，非地震作用下，调幅框架梁的梁端受压区高度 $x \leqslant 0.35 h_0$，当参数设置中选择"框架梁端配筋考虑受压钢筋"选项时，程序对于非地震作用下进行该项校核，如果不满足要求，程序自动增加受压钢筋以满足受压区高度要求。

利用规范强制要求设置的框梁端受压钢筋量，按双筋梁截面计算配筋，以适当减少梁端支座配筋。根据《高规》6.3.3 条，梁端受压筋不小于受拉筋的一半时，最大配筋率可按 2.75% 控制，否则按 2.5%。程序可据此给出梁筋超限提示。一般建议勾选。勾选本参数后，同一模型、同一框梁分别采用不同抗震等级计算后，尽管梁端支座设计弯矩相同，但配筋结果却有差异。因为不同的抗震等级，程序假定的初始受压钢筋不同，导致配筋结果不同。

（12）指定的过渡层个数和层号

《高规》第 7.2.14-3 条规定："B 级高度高层建筑的剪力墙，宜在约束边缘构件层与构造边缘构件层之间设置 1~2 层过渡层"。程序不自动判断过渡层，设计人员可在此指定。程序对过渡层执行如下原则：

1）过渡层边缘构件的范围仍按构造边缘构件。

2）过渡层剪力墙边缘构件的箍筋配置按约束边缘构件确定一个体积配箍率（配箍特征值 λ_v），又按构造边缘构件为 0.1 取其平均值。

（13）柱配筋计算原则：（按单偏压计算）或（按双偏压计算）

单偏压在计算 X 方向配筋时不考虑 Y 向钢筋的作用，计算结果具有唯一性（详见《混规》6.2.17 条）；而双偏压在计算 X 方向配筋时考虑了 Y 向钢筋的作用，计算结果不唯一（详《混规》附录 E）。建议设计人员采用单偏压计算，采用双偏压验算。《高规》6.2.4 条规定："抗震设计时，框架角柱应按双向偏心受力构件进行正截面承载力设计"。如果用户在特殊构件补充定义中"特殊柱"菜单下指定了角柱，程序对其自动按照双偏压计算。对于异形柱结构，程序自动按双偏压计算异形柱配筋。提醒设计人员注意：

1）角柱是指建筑角部柱的两个方向各只有一根框架梁与之相连的框架柱，故建筑凸角处的框架柱为角柱，而凹角处框架柱并非角柱。

2）全钢结构中，指定角柱并选《高钢规》验算时，程序将自动按《高钢规》第 5.3.4 条放大角柱内力 30% 。

7. SATWE 参数之七：配筋信息（图 1.6.8）

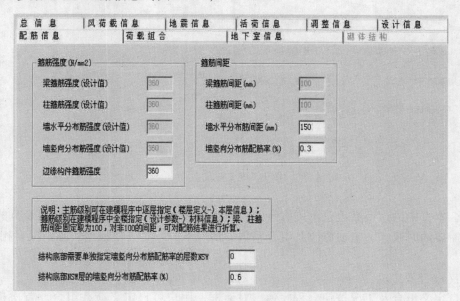

图 1.6.8　配筋信息

钢筋强度信息在 PMCAD 中已定义，其中梁、柱、墙主筋级别按标准层分别指定；箍筋级别按全楼定义。钢筋级别和强度设计值的对应关系也在 PMCAD 中指定。在 SATWE 中仅可查看箍筋强度设计值。2010 版 SATWE 计算结果中，梁柱墙的主筋强度可在 WMASS.OUT 的"各层构件数量、构件材料和层高"项查看；也可在"混凝土构件配筋及钢构件验算简图"下方的图名中看到。

（1）墙水平分布筋间距（mm）

根据《混规》9.4.4 条、11.7.15 条，《高规》7.2.18、《抗规》6.4.4 条取值，可取 100 ~ 300。部分框支剪力墙结构的底部加强部位，剪力墙水平钢筋间距不宜大于 200mm。

（2）墙竖向分布筋配筋率（%）

墙竖向分布筋配筋率取值可根据《混规》11.7.14 条和《高规》3.10.5-2 条、7.2.17 条、10.2.19 条、《抗规》6.4.3 条的相关规定：特一级一般部位取 0.35% ，底部加强部位取 0.4% ；一、二、三级取 0.25% ；四级取为 0.2% ，非抗震要求取为 0.2% ；部分框支剪力墙结构的剪力墙底部加强部位抗震设计时取 0.3%；非抗震设计时取 0.25%。设置的墙竖向分布筋的配筋率，除用于墙端所需钢筋截面面积计算外，还传到"剪力墙结构计算机辅助设计程序 JLQ"中作为选择竖向分布筋的依据。竖向分布筋的大小会影响端头暗柱的纵向配筋，程序可以单独定义某墙肢的竖向分布筋配筋率。

（3）结构底部需单独指定墙竖向分布筋配筋率的层数、配筋率

当设计人员需要对结构底部某几层墙的竖向钢筋配筋率进行指定时，可在这里定义。该功能主要用于提高框筒结构中剪力墙核心筒底部加强部位的竖向分布筋的配筋率，从而提高钢筋混凝土框筒结构底部加强部位的延性；也可以用来定义加强区和非加强区不同的配筋率。

8. SATWE 参数之八：荷载组合（图 1.6.9）

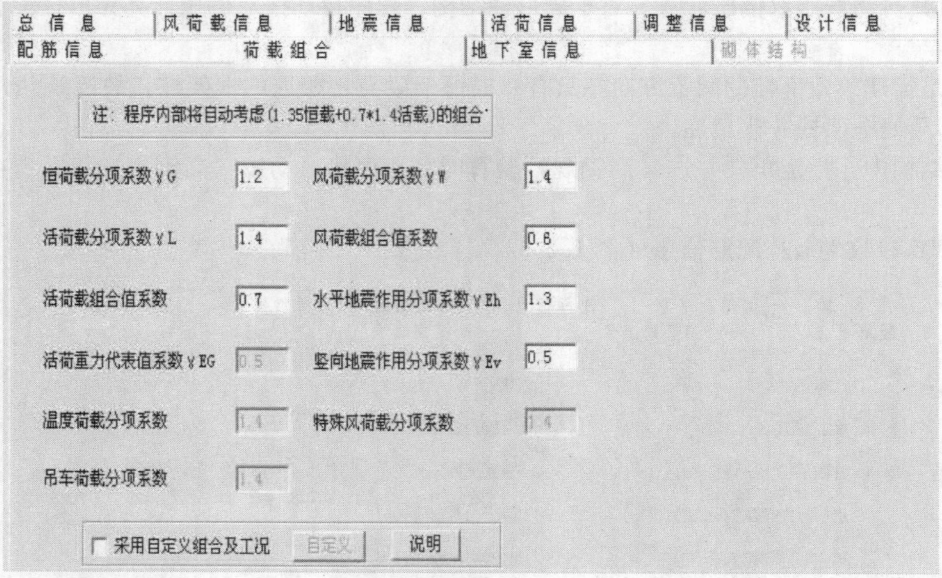

| 总信息 | 风荷载信息 | 地震信息 | 活荷信息 | 调整信息 | 设计信息 |
| 配筋信息 | 荷载组合 | 地下室信息 | 砌体结构 |

注：程序内部将自动考虑(1.35恒载+0.7*1.4活载)的组合

恒荷载分项系数 γG	1.2	风荷载分项系数 γW	1.4
活荷载分项系数 γL	1.4	风荷载组合值系数	0.6
活荷载组合值系数	0.7	水平地震作用分项系数 γEh	1.3
活荷重力代表值系数 γEG	0.5	竖向地震作用分项系数 γEv	0.5
温度荷载分项系数	1.4	特殊风荷载分项系数	1.4
吊车荷载分项系数	1.4

□ 采用自定义组合及工况　　自定义　　说明

图 1.6.9　荷载组合

一般来说，本页中的这些系数是不用修改的，因为程序在做内力组合时是根据规范的要求处理的。只是在有特殊需要的时候，一定要修改其组合系数的情况下，才有必要根据实际情况对相应的组合系数做修改。

采用自定义组合及工况

点取采用自定义组合及工况按钮，程序弹出对话框，用户可自定义荷载组合。首次进入该对话框，程序显示缺省组合，用户可直接对组合系数进行修改，或者通过下方的按钮增加、删除荷载组合。删除荷载组合时，需首先点击要删除的组合号，然后点删除按钮。用户修改的信息保存在 SAT-LD. Pm 和 SAT-LF. Pm 文件中，如果要恢复缺省组合值，删除这两个文件即可。如果在本页中修改了荷载工况的分项系数或组合值系数，或者参与计算的荷载工况发生了变化，再次点击"采用自定义组合及工况"进入自定义荷载组合时，程序会自动采用缺省组合，以前定义的数据将不被保留。但如果不进入"自定义荷载组合"对话框，程序仍采用先前定义的数据。

程序在缺省组合中自动判断用户是否定义了人防、温度、吊车和特殊风荷载，其中温度和吊车荷载分项系数与活荷载相同，特殊风荷载分项系数与风荷载相同。

9. SATWE 参数之九：地下室信息（图 1.6.10）

（1）土层水平抗力系数的比例系数 M（MN/m^4）

M 值的大小随土类及土的状态而不同，一般可按表 1.6.4（见《桩基规范》表 5.7.5）的灌注桩项来取值。

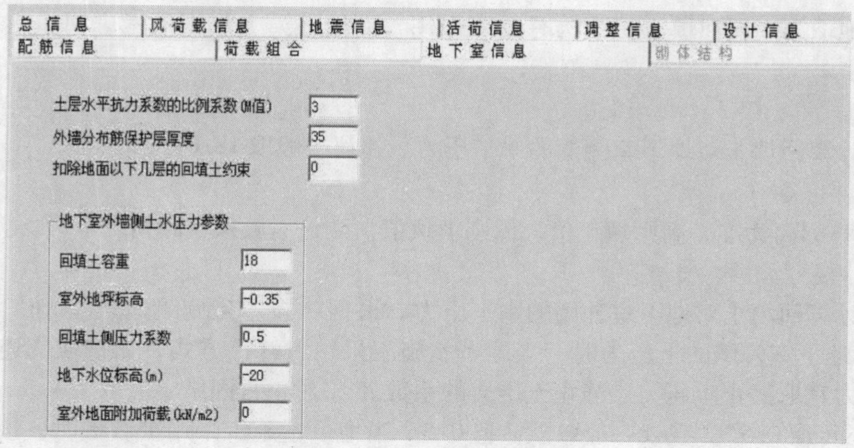

图 1.6.10　地下室信息

表 1.6.4　地基土水平抗力系数的比例系数 M 值

序号	地基土类别	预制桩、钢桩		灌注桩	
		$M/(MN/m^4)$	相应单桩在地面处水平位移/mm	$M/(MN/m^4)$	相应单桩在地面处水平位移/mm
1	淤泥;淤泥质土;饱和湿陷性黄土	2 ~ 4.5	10	2.5 ~ 6	6 ~ 12
2	流塑($I_L > 1$)、软塑($0.75 < I_L \leqslant 1$)状黏性土;$e > 0.9$ 粉土;松散粉细砂;松散、稍密填土	4.5 ~ 6.0	10	6 ~ 14	4 ~ 8
3	可塑($0.25 < I_L \leqslant 0.75$)状黏性土、湿陷性黄土;$e = 0.75 ~ 0.9$ 粉土;中密填土;稍密细砂	6.0 ~ 10	10	14 ~ 35	3 ~ 6
4	硬塑($0 < I_L \leqslant 0.25$)、坚硬($I_L \leqslant 0$)状黏性土、湿陷性黄土;$e < 0.75$ 粉土;中密的中粗砂;密实老填土	10 ~ 22	10	35 ~ 100	2 ~ 5
5	中密、密实的砾砂、碎石类土			100 ~ 300	1.5 ~ 3

注：1. 当桩顶水平位移大于表列数值或灌注桩配筋率较高（≥0.65%）时，M 值应适当降低；当预制桩的水平向位移小于10mm时，M 值可适当提高。

　　2. 当水平荷载为长期或经常出现的荷载时，应将表列数值乘以 0.4 降低采用。

　　3. 当地基为可液化土层时，应将表列数值乘以《桩基规范》表5.3.12 中相应的系数 ψ_1。

M 的取值范围一般在 2.5 ~ 100 之间，在少数情况的中密、密实的沙砾、碎石类土取值可达100 ~ 300。其计算方法即是土力学中水平力计算常用的 M 法。由于 M 值考虑了土的性质，通过 M 值、地下室的深度和侧向迎土面积，可以得到地下室侧向约束的附加刚度，该附加刚度与地下室层刚度无关，而与土的性质有关，所以侧向约束更合理，也便于设计人员填写掌握。

（2）外墙分布筋保护层厚度（mm）：=35

根据《混规》表8.2.1 选择保护层厚度，环境类别依据《混规》表3.5.2 确定。在地下室外围墙平面外配筋计算时用到此参数。外墙计算时没有考虑裂缝问题；外墙中的边框柱也不参与水土压力计算。《混规》8.2.2-4 条："对地下室墙体采取可靠的建筑防水做法或防护措施时，与土层接触一侧钢筋的保护层厚度可适当减少，但不应小于25mm"。《耐久性规范》3.5.4 条："当保护层设计厚度超过30mm 时，可将厚度取为30mm 计算裂缝最大宽度"。

（3）扣除地面以下几层的回填土约束

该参数的主要作用是由设计人员指定从第几层地下室考虑基础回填土对结构的约束作用，比如某工程有3层地下室，"土层水平抗力系数的比例系数"填14，若设计人员将此项参数填为1，则程序只考虑地下第 3 层和地下第 2 层回填土对结构有约束作用，而地下第 1 层则不考虑回填土对结构的约束作用。

(4) 回填土容重（KN/m³）：18.0

该参数用来计算回填土对地下室侧壁的水平压力。建议一般取 18.0kN/m³。

(5) 室外地坪标高（m）

以结构 ±0.00 标高为准，高则填正值，低则填负值。建议一般按实际情况填写。

(6) 回填土侧压力系数：0.5

该参数用来计算回填土对地下室外墙的水平压力。根据《技术措施-地基与基础》（2009 年版）第 5.8.11 条 "计算地下室外墙的土压力时，当地下室施工采用大开挖方式，无护坡或连续墙支护时，地下室承受的土压力宜取静止土压力，静止土压力的系数 K_0，对正常固结土可取 $1 - \sin\phi$（ϕ-土的内摩擦角），一般情况下可取 0.5"。建议一般取默认值 0.5。当地下室施工采用护坡桩时，该值可乘以折减系数 0.66 后取 0.33。

(7) 地下水位标高（m）

该参数标高系统的确定基准同室外地坪标高，但应满足 ≤ ±0.00。建议一般按实际情况填写。若勘察未提供防水设计水位和抗浮设计水位时，参照如下情况综合考虑：

1) 设计基准期内抗浮设防水位应根据长期水文观测资料确定。

2) 无长期水文观测资料时，可采用丰水期最高稳定水位（不含上层滞水），或按勘察期间实测最高水位并结合地形地貌、地下水补给、排泄条件等因素综合确定。

3) 场地有承压水且与潜水有水力联系时，应实测承压水位并考虑其对抗浮设防水位的影响。

4) 在填海造陆区，宜取海水最高潮水位。

5) 当大面积填土面高于原有地面时，应按填土完成后的地下水位变化情况考虑。

6) 对一、二级阶地，可按勘察期间实测平均水位增加 1 ~ 3m；对台地可按勘察期间实测平均水位增加 2 ~ 4m；雨季勘察时取小值，旱季勘察时取大值。

7) 施工期间的抗浮设防水位可按 1 ~ 2 个水文年度的最高水位确定。

(8) 室外地面附加荷载（kN/m²）

该参数用来计算地面附加荷载对地下室外墙的水平压力。建议一般取 5.0kN/m²（详见《技术措施-结构体系》（2009 年版）第 F1.4-7 条）。

以上 (4) ~ (8) 中 5 个参数都是用于计算地下室外墙侧土、侧水压力的，程序按单向板简化方法计算外墙侧土、侧水压力作用，用均布荷载代替三角形荷载作计算。

10. SATWE 参数之十：生成数据文件及数检（图 1.6.11）

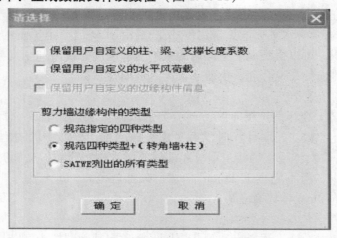

图 1.6.11　SATWE 数据文件菜单

　　这项菜单是 SATWE 前处理的核心菜单，其功能是综合 PMCAD 生成的建模数据和前述几项菜单输入的补充信息，将其转换成空间结构有限元分析所需的数据格式。所有工程都必须执行本项菜单，正确生成数据并通过数据检查后，方可进行下一步的计算分析。

　　新建工程必须在执行本菜单后，才能生成缺省的长度系数和风荷载数据，后续才允许在第 8、9 项菜单中进行查看和修改。此后若调整了模型或参数，需要再次生成数据时，如果希望保留先前自定义的长度系数或风荷载数据，可选择"保留"，如不选择保留，程序将重新计算长度系数和风荷载，用自动计算的结果覆盖用户数据。

　　同样，边缘构件也是在第一次计算完成后程序自动生成的，用户可在 SATWE 后处理中自行修改边缘构件数据，并在下一次计算前选择是否保留先前修改的数据。

（1）剪力墙边缘构件类型

1）《高规》中指明的剪力墙边缘构件四种类型包括：暗柱、有翼墙、有端柱、转角墙。

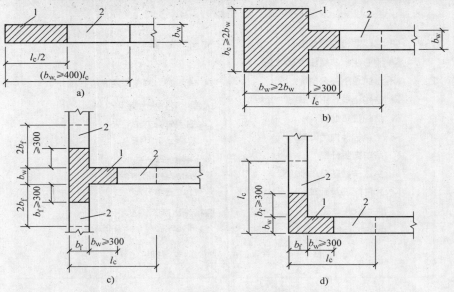

图 1.6.12　规范指定的剪力墙边缘构件四种类型

a）暗柱　b）端柱　c）翼墙　d）转角墙

2）SATWE 通过归纳总结，补充的边缘构件类型（四种）：

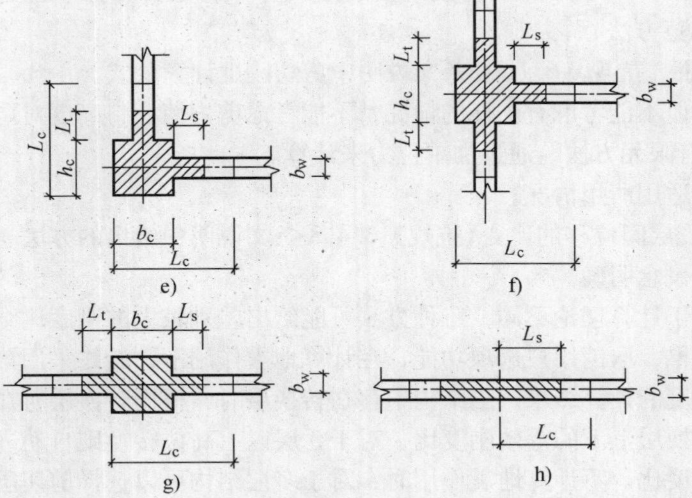

图 1.6.13　SATWE 补充的剪力墙边缘构件四种类型

上述列出的是规则的边缘构件类型，但在实际设计中，常有剪力墙斜交的情况。因此，上述边缘构件除 a）、g）、h）种以外，其余各种类型中墙肢都允许斜交。

（2）自动生成边缘构件（可选择以下三种方法中的一种）

1）只认《高规》指明的四种类型：a）+b）+c）+d）。

2）《高规》四种+SATWE 的有柱转角墙的一种，总共五种：a）+b）+c）+d）+e）。

3）《高规》四种+SATWE 认可的四种，总共八种：a）+b）+c）+d）+e）+f）+g）+h）。

11. SATWE 参数之十一：计算控制参数

SATWE 的第二项主菜单为"结构内力、配筋计算"。它是 SATWE 的核心功能，多、高层结构分析的主要计算工作都在这里完成。点取"结构内力、配筋计算"选项后，屏幕弹出如图 1.6.14 所示计算控制参数。

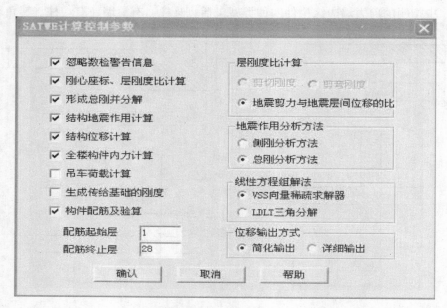

图 1.6.14　SATWE 计算控制参数

（1）层刚度比计算

层刚度比计算中，SATWE 提供三种算法，分别是"剪切刚度"、"剪弯刚度"和"地震剪力与地震层间位移比值（抗震规范方法）"。

1）剪切刚度：按照《抗规》6.1.14 条文说明中剪切刚度计算公式。

特点：计算简单，但不能考虑有支撑的情况，不能考虑剪力墙洞口高度对层刚度的影响。

2）剪弯刚度：按有限元方法，通过加单位力来计算。

特点：计算复杂，适用所用情况。

3）地震剪力与地震层间位移的比：《抗规》3.4.3 条文说明中给出的方法。

特点：计算简单，概念明确。

选择总体思路：由于计算理论不同，三种方法可能给出差别较大的刚度比结果，根据 2010 版规范，程序对该选项进行了调整，取消用户选项功能，在计算地震作用下，始终采用第三种方法进行薄弱层判断，并始终给出剪切刚度的计算结果，当结构中存在转换层时，根据转换层所在层号，当 2 层以下转换时采用剪切刚度计算转换层上下的等效刚度比，对于 3 层以上高位转换则自动进行剪弯刚度计算，并采用剪弯刚度计算等效刚度比。不计算地震作用时，对于多层结构可以选择剪切层刚度算法，高层结构可以选择剪弯层刚度；对于有斜支撑的钢结构可以选择剪弯层刚度算法。

当有转换层时，尚应注意"总信息"栏中"嵌固端所在层号"参数的选取。

（2）地震作用分析方法：【侧刚分析方法】或【总刚分析方法】

侧刚分析法是一种简化计算方法，只适用于采用楼板平面内无限刚假定的普通建筑和采用楼板分块平面内无限刚度假定的多塔建筑。侧刚分析法的优点是分析效率高，计算速度快。对于定义有较大范围的弹性楼板、有较多不与楼板相连的构件（如错层结构、空旷的工业厂房、体育馆所等）或有较多错层构件的结构，则应采用总刚分析法。对于没有定义弹性楼板或没有不与楼板相连构件的工程，"侧刚"和"总刚"计算结果是一致的。建议一般采用"总刚分析法"。

（3）线性方程组解法：【VSS 向量稀疏求解器】或【LDLT 三角分解】

在"线性方程组解法"一栏中，有"VSS 向量稀疏求解器"和"LDLT 三角分解"这两种方程求解方法以供选择。"VSS 向量稀疏求解器"是一种大型稀疏对称矩阵快速求解方法；"LDLT 三角分解"是通常所用的三角求解方法。"VSS 向量稀疏求解器"在求解大型、超大型方程时要比"LDLT 三角分解"方法快得多，所以程序缺省指向"VSS 向量稀疏求解器"算法；由于求解方程的原理、方法不同，造成的误差原理就不同，提供两种解方程的方法可以用于对比。需要指出的是，当采用了施工模拟 3 时，求解器的选择是由程序内部决定的，即须选用 VSS 方法，如一定要用 LDLT 方法，则必须取消施工模拟 3 选项；此外，求解器的选择与上述的侧刚模型和总刚模型是相互关联的，当选用 LDLT 方法时，侧刚和总刚的选项才有效，如果选择 VSS 方法，则该选项无效。"LDLT 三角分解"对刚度矩阵的性态要求稍低：当有过多的梁端铰时，用 LDLT 可以算过；但用 VSS 却不能完成计算，或显示大范围超筋。

（4）位移输出方式：【简化输出】或【详细输出】

当选择简化输出时，在 WDISP. OUT 文件中仅输出各工况下结构的楼层最大位移值，不输出各节点的位移信息。按"总刚"进行结构的振动分析后，在 WZQ. OUT 文件中仅输出周期、地震力，不输出各振型信息。若选择详细输出时，则在前述的输出内容的基础上，在 WDISP. OUT 文件中还输出各工况下每个节点的位移，在 WZQ. OUT 文件中还输出各振型下每个节点的位移。

（5）其他选项

当要计算吊车作用时，应勾选"吊车荷载计算"。当用户拟采用 JCCAD 来进行后续的基础设计时，应勾选"生成传给基础的刚度"，程序会生成 SATFDK. SAT 文件以供 JCCAD 使用。需提醒设计人员注意：2010 版 JCCAD 考虑上部刚度后，桩筏配筋比 2008 版程序小很多，用户应仔细核对后采用。

"构件配筋及验算"菜单项的功能包括按现行规范进行荷载组合、内力调整，然后计算钢筋混凝土构件梁、柱、墙的配筋。程序按选择的"配筋起始层"和"配筋终止层"进行构件的配筋、验算，但第 1 次计算时，必须计算整层即所有层都要选择，第 2 次以后就可以按需要选择了。

对于带有剪力墙的结构，程序自动生成边缘构件，并可以在边缘构件配筋简图中，或在边缘构件的文本文件 SATBMB. OUT 中查看边缘构件的配筋结果。

对于 12 层以下的混凝土矩形柱纯框架结构，程序将自动用简化的方法进行弹塑性位移验算和薄弱层验算，并可在 SAT-K. OUT 文件中查看计算结果。

确定好各项计算控制参数后，可点取"确认"按钮开始进行结构分析，若不想进行计算，可点取"取消"按钮返回前菜单。

1.7　SATWE 设计过程控制

完成 PMCAD 建模和 SATWE 参数设置后，就可以进行结构内力和配筋计算，由于许多不确定因素，结构计算不可能一次完成，需要反复的调整和修改。对一个典型工程而言，从模型建立到施工图绘制基本都需经历多次重复循环过程，方可使计算结果满足各项指标要求，满足施工图绘制条件，总结整个设计过程，一般都必须经过以下四个计算步骤：

（1）完成整体参数的正确设置

在这一步，需要通过计算确定的主要参数有三个：振型数、最大地震力作用方向和结构基本周期。

当完成初次计算后，设计人员可以通过查看计算输出的文本文件 WZQ.OUT，确认有效质量系数是否满足规范规定的大于 90% 的要求，若不满足，应在第二轮的计算中通过增加振型数使之满足要求。在 WZQ.OUT 文件中输出的"地震作用最大的方向角"可以作为计算"最不利地震作用方向"的参考，如果输出的"地震作用最大的方向"大于 15（度）时，可将这个角度在 SATWE 前处理总信息菜单中填入，并重新计算。初次计算后在 WZQ.OUT 文件中查得结构的实际第一阶周期，填入前菜单后重新计算。

（2）确定整体结构的合理性

1）结构延性：轴压比

2）控制结构的扭转效应：周期比和位移比

3）控制结构的竖向不规则性：层刚度比、楼层受剪承载力比、剪重比

4）结构的整体稳定：刚重比

将上面的七个比值控制在规范允许的范围内。

（3）对单构件的优化设计

检查梁、柱、墙的配筋，做到计算结果不超限，并进行截面优化。最终达到结构体系刚度适中，构件配筋率位于经济配筋范围之内。

（4）满足施工图构造要求

进入施工图设计阶段，SATWE 软件通过"墙梁柱施工图"菜单，完成对梁、柱和剪力墙施工图的绘制。程序通过计算自动完成梁柱墙等配筋，但须提醒设计人员注意的是，对于构件的构造措施，特别是抗震构造措施作为抗震措施的不可缺少的一部分，施工图设计阶段必须满足，应高度重视。程序输出的一些配筋不尽合理，需要设计人员进行多次调整和计算，特别是对配筋参数必须仔细核对，如图 1.7.1 所示，应认真输入出图参数、梁柱最小钢筋直径、钢筋放大系数、根据裂缝选筋等。

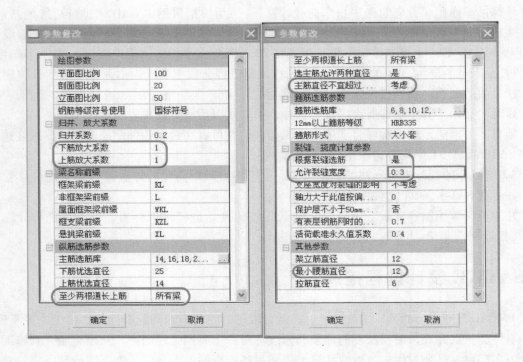

图 1.7.1　梁施工图参数

1.8 SATWE 计算结果信息

《高规》5.1.16 和《抗规》3.6.6 均有要求对结构分析软件的计算结果，应进行分析判断，确认其合理、有效后方可作为工程设计的依据。目前 SATWE 软件对计算结果提供两种输出方式：图形文件输出和文本文件输出，建议大家从以下几个方面对计算结果进行检查：

（1）检查模型原始数据是否有误，特别是荷载是否有遗漏。

（2）计算简图、计算假定是否与实际相符。

（3）对计算结果进行分析：检查设计参数选择是否合理；检查规范要求的构件和整个结构体系的各种比值。

（4）检查超配筋信息文件，对超筋构件进行处理。

高层建筑结构设计的难点在于竖向承重构件（柱、剪力墙等）的合理布置，设计过程中控制的目标参数主要有如下七个：

1. 轴压比（图形文件）

轴压比指柱考虑地震作用组合的轴压力设计值与柱全截面面积和混凝土轴心抗压强度设计值乘积的比值，主要为控制结构的延性，轴压比不满足要求，结构的延性要求无法保证；轴压比过小，则说明结构的经济技术指标较差，宜适当减少相应墙、柱的截面面积。轴压比不满足时的调整方法：

（1）规范对轴压比的规定：规范对墙肢和柱均有相应限值要求，详见《抗规》第 6.3.6 条和 6.4.2 条，《高规》第 6.4.2 条和 7.2.13 条。

（2）程序调整：SATWE 程序目前无法实现。

（3）人工调整：增大该墙、柱截面或提高该楼层墙、柱混凝土强度等级。

2. 周期比（WZQ. OUT）

周期比指结构以扭转为主的第一自振周期 T_t 与平动为主的第一自振周期 T_1 之比，主要为控制结构扭转效应，减小扭转对结构产生的不利影响，周期比不满足要求，说明结构的扭转刚度相对于侧移刚度较小，结构扭转效应过大。周期比不满足时的调整方法：

（1）规范对周期比控制要求：《高规》第 3.4.5 条规定"结构扭转为主的第一自振周期 T_t 与平动为主的第一自振周期 T_1 之比，A 级高度高层建筑不应大于 0.9，B 级高度高层建筑、超过 A 级高度的混合结构及本规程第 10 章所指的复杂高层建筑不应大于 0.85"。

（2）程序调整：SATWE 程序目前无法实现。

（3）人工调整：对于大多数规则结构来说，扭转周期比都能满足规范限值的要求，一些多翼形平面和狭长形平面的结构，会由于扭转周期 T_t 较长而超出限值。由于周期比侧重控制的是侧向刚度与扭转刚度之间的一种相对关系，而非其绝对大小，即不是要求把结构做得如何的"刚"，而是要求把结构布置得均衡合理，使结构不至于出现过大（相对于侧移）的扭转效应。所以一旦出现周期比不满足要求的情况，只能从整体上去调整结构的平面布置，把抗侧力构件布置到更有效、更合理的位置上，力求结构在二个主轴上的抗震性能相接近，使结构的侧向刚度和扭转刚度处于协调的理想关系，此时，若仅从局部入手做些小调整往往收效甚微。规范方法是从公式 T_t/T_1 出发，采用二种调整措施：一种是减小平面刚度，去除平面中部的部分剪力墙，使 T_1 增大；二是在平面周边增加剪力墙，提高扭转刚度，使 T_t 减小。当结构的第一或第二振型为扭转时可按以下方法调整：

1）程序中的振型是以其周期的长短排序的。结构的刚度（包括侧移刚度和扭转刚度）与对应周期成反比关系，即刚度越大周期越小，刚度越小周期越大。抗侧力构件对结构扭转刚度的贡献与其距结构刚心的距离成正比关系，结构外围的抗侧力构件对结构的扭转刚度贡献最大。

2）结构的第一、第二振型宜为平动，扭转周期宜出现在第三振型及以后。同时查看振型图，看结构在相应振型作用下是否为整体振动。

3）当第一振型为扭转时，说明结构的扭转刚度相对于其两个主轴（第二振型转角方向和第三振型转角方向，一般都靠近 X 轴和 Y 轴）方向的侧移刚度过小，此时宜沿两主轴适当加强结构外围的刚度，并适当削弱结构内部的刚度。

4）当第二振型为扭转时，说明结构沿两个主轴方向的侧移刚度相差较大，结构的扭转刚度相对其中一主轴（第一振型转角方向）的侧移刚度是合理的；但相对于另一主轴（第三振型转角方向）的侧移刚度则过小，此时宜适当削弱结构内部沿"第三振型转角方向"的刚度，并适当加强结构外围（主要是沿第一振型转角方向）的刚度。

（4）计算周期比时须注意以下几项：

1）当第一振型为扭转时，周期比肯定不满足规范的要求；当第二振型为扭转时，周期比较难满足规范的要求。

2）目前软件这项功能仅适用于单塔结构，对于多塔结构，软件输出的振型方向因子没有参考意义，在软件未改进之前，应把多塔结构分开，按单塔结构控制扭转周期。

3）计算周期比时建议点选"强制采用刚性楼板假定"，规范对此虽然没有明确规定，但从 T_1 和 T_t 的判断方法中可以得知，其对应的振型应是整体振动的振型，且越明显越单纯越好，并要避免出现局部振动的误判，这只有在"刚性楼板假定"下，才能做到计算周期比的准确性和真实性。

4）周期比不满足需申报抗震设防专项审查，由此可见周期比在结构设计中的重要性，对此设计人员应有足够的重视。

5）多层建筑结构、无特殊要求的体育馆、空旷结构和工业厂房等无需控制周期比。

3. 位移比和位移角控制（WDISP. OUT）

（1）位移比

定义："位移比"也称"扭转位移比"，指楼层的最大弹性水平位移（或层间位移）与楼层两端弹性水平位移（或层间位移）平均值的比值。

目的：限制结构平面布置的不规则性，避免产生过大的偏心而导致结构产生较大的扭转效应。

计算要求：采用"规定水平力"计算，考虑偶然偏心和刚性楼板假定，不考虑双向地震。

规范规定：《高规》第 3.4.5 条"在考虑偶然偏心影响的规定水平地震力作用下，楼层竖向构件最大的水平位移和层间位移，A、B 级高度高层建筑均不宜大于该楼层平均值的 1.2 倍；且 A 级高度高层建筑不应大于该楼层平均值的 1.5 倍，B 级高度高层建筑、混合结构高层建筑及复杂高层建筑，不应大于该楼层平均值的 1.4 倍"。在增加了"规定水平力"作用下的位移控制参数的基础上，程序保留了按照 2002 规范方法计算得到的各项位移指标。

（2）位移角

定义："位移角"也称"层间位移角"，指按弹性方法计算的楼层层间最大位移与层高之比（$\Delta u/h$）；

目的：控制结构的侧向刚度。

计算要求：取"风荷载或多遇地震作用标准值"计算，不考虑偶然偏心，不考虑双向地震。①风、单向地震均控制；②单向地震 + 偏心不控制；③双向地震不控制，除扭转特别严重外，一般双向地震同单向地震结构相近。

规范规定：

1）高度不大于 150m 的高层建筑，其楼层层间最大位移与层高之比 $\Delta u/h$ 不宜大于《高规》表 3.7.3 的限值。

2）高度不小于 250m 的高层建筑，其楼层层间最大位移与层高之比 $\Delta u/h$ 不宜大于 1/500。

3）高度在 150~250m 之间的高层建筑，其楼层层间最大位移与层高之比 $\Delta u/h$ 的限值可按本条第 1 款和第 2 款的限值线性插入法取用。

位移比不满足规范要求时的调整方法：

1）程序调整：SATWE 程序目前无法实现。

2）人工调整：只能通过人工调整改变结构平面布置，减小结构刚心与形心的偏心距；可利用程序的节点搜索功能在 SATWE 的"分析结果图形和文本显示"中的"各层配筋构件编号简图"中快速找到位移最大的节点，加强该节点对应的墙、柱等构件的刚度；也可找出位移最小的节点削弱其刚度；直到位移比满足要求。

对于楼层位移比和层间位移比控制，规范规定是针对刚性楼板假定这一情况的，若有不与楼板相连的构件或定义了弹性楼板，那么，软件输出的结果与规范要求是不同的。设计人员应依据刚性楼板假定条件下的分析结果，来判断工程是否符合位移控制要求。

现行规范通过两个途径实现对结构扭转和侧向刚度的控制，即通过对"扭转位移比"的控制，达到限制结构扭转的目的；通过对"层间位移角"的控制，达到限制结构最小侧向刚度的目的。

4. 层刚度比控制（WMASS. OUT）

刚度比的计算主要是用来确定结构中的薄弱层，控制结构竖向布置，或用于判断地下室结构刚度是否满足嵌固要求。

（1）规范规定：《抗规》附录 E. 2. 1 条规定，"筒体结构转换层上下层的侧向刚度比不宜大于 2"；《高规》第 3. 5. 2 条规定，抗震设计的框架结构，关于楼层与其相邻上层的侧向刚度比 γ_1 的规定为"本层与相邻上层的比值不宜小于 0. 7，与相邻上部三层刚度平均值的比值不宜小于 0. 8"；而对框架-剪力墙、板柱-剪力墙结构、剪力墙结构、框架核心筒结构、筒中筒结构，楼层与相邻上部楼层的侧向刚度比 γ_2 则为"本层与相邻上层的比值不宜小于 0. 9；当本层层高大于相邻上层层高的 1. 5 倍时，该比值不宜小于 1. 1；对结构底部嵌固层，该比值不宜小于 1. 5"。《高规》第 5. 3. 7 条规定，"高层建筑结构整体计算中，当地下室顶板作为上部结构嵌固部位时，地下一层与首层侧向刚度比不宜小于 2"。《高规》第 10. 2. 3 条规定：带转换层的高层建筑结构，转换层上部结构与下部结构的侧向刚度，应符合《高规》附录 E 的规定：

E. 0. 1：当转换层设置在 1、2 层时，可近似采用转换层与其相邻上层结构的等效剪切刚度比 γ_{e1} 表示转换层上、下层结构刚度的变化，γ_{e1} 宜接近 1，非抗震设计时 γ_{e1} 不应小于 0. 4，抗震设计时 γ_{e1} 不应小于 0. 5。

E. 0. 2：当转换层设置在第 2 层以上时，按《高规》式（3. 5. 2-1）计算的转换层与其相邻上层的侧向刚度比不应小于 0. 6。

E. 0. 2：当转换层设置在第 2 层以上时，转换层下部结构与上部结构的等效侧向刚度比 γ_{e2} 宜接近 1，非抗震设计时 γ_{e2} 不应小于 0. 5，抗震设计时 γ_{e2} 不应小于 0. 8。

（2）程序调整：对层刚度比的计算，在 2010 版 SATWE 程序中，包含了三种计算方法："剪切刚度、剪弯刚度及地震剪力和地震层间位移的比"，但是算法的选择由程序根据上述规范条文自动完成，设计人员无法选择。通过楼层刚度比的计算，如果某楼层刚度比的计算结果不满足要求，SATWE 程序自动将该楼层定义为薄弱层，并按《高规》第 3. 5. 8 条要求对该层地震作用标准值的地震剪力乘以 1. 25 的增大系数。

（3）人工调整：如果还需人工干预，可适当降低本层层高和加强本层墙、柱或梁的刚度，适当提高上部相关楼层的层高和削弱上部相关楼层墙、柱或梁的刚度。在 WMASS. OUT 文件中输出层刚度比计算结果，具体参数详见用户手册。

（4）层刚度比验算原则：验算层刚度比的结构必须要有层的概念，对于一些复杂的建筑，如坡屋顶、体育馆、室外看台、工业厂房等，结构或者柱墙不在同一标高，或者本层根本没有楼板，所以在设计时，可以不考虑这类结构所计算的层刚度特性。对错层结构或带有夹层的结构，层刚度有时得不到合理的计算，原因是层的概念被广义化了，此时需对模型简化才能计算出层刚度比。按整体模型计算大底盘多塔楼结构时，大底盘顶层与上面一层塔楼的刚度比，楼层抗剪承载力比通常都会比较大，对结构设计没有实际指导意义，但程序仍会输出计算结果，设计人员可根据工程实际情况区别对待。应注意软件输出结果中，若结构体系选为框架结构，相邻侧移刚度比计算信息中不输出 Ratx2、Raty2 的比值。

5. 楼层受剪承载力比（WMASS. OUT）

指楼层全部柱、剪力墙、斜撑的受剪承载力之和与其上一层的承载力之比。主要为限制结构竖向布置的不规则性，避免楼层抗侧力结构的受剪承载能力沿竖向突变，形成薄弱层。

（1）规范规定：《高规》第 3.5.3 条规定：A 级高度高层建筑的楼层抗侧力结构的层间受剪承载力不宜小于其相邻上一层受剪承载力的 80%，不应小于其相邻上一层受剪承载力的 65%；B 级高度高层建筑的楼层抗侧力结构的层间受剪承载力不应小于其相邻上一层受剪承载力的 75%。对于形成的薄弱层应按《高规》第 3.5.8 条予以加强。体现"强剪弱弯"的设计思想。

（2）程序调整：当某层受剪承载力小于其上一层的 80% 时，在 SATWE 的"调整信息"中的"指定薄弱层个数"中填入该楼层层号，将该楼层强制定义为薄弱层，SATWE 按《高规》3.5.8 条将该楼层地震剪力乘以 1.25 的增大系数。

（3）人工调整：可适当提高本层构件强度（如增大柱箍筋和墙水平分布筋、提高混凝土强度或加大截面）以提高本层墙、柱等抗侧力构件的抗剪承载力，或适当降低上部相关楼层墙、柱等抗侧力构件的抗剪承载力。

软件在完成构件的配筋计算后自动计算楼层的受剪承载力和承载力之比，设计人员应查看 SATWE 计算结果文本文件 WMASS. OUT，当 **Ratio _ Bu**：X、Y 小于 0.8 时，表示 X、Y 承载力不满足规范要求，设计人员应在 SATWE 的前处理"分析与设计参数补充定义"的调整信息的选项中人工指定薄弱层号（允许指定多个薄弱层）重新计算，程序将按规定调整薄弱层的地震剪力。

6. 剪重比的控制（WZQ. OUT）

剪重比指结构任一楼层的水平地震剪力与该层及其以上各层总重力荷载代表值的比值，通常指底层水平剪力与结构总重力荷载代表值之比，剪重比在某种程度上反映了结构的刚柔程度，剪重比应在一个比较合理的范围内，以保证结构整体刚度的适中。剪重比太小，说明结构整体刚度偏柔，水平荷载或水平地震作用下将产生过大的水平位移或层间位移；剪重比太大，说明结构整体刚度偏刚，会引起很大的地震力。

（1）规范规定：《抗规》第 5.2.5 条、《高规》第 4.3.12 条（强条）明确规定了楼层的剪重比不应小于楼层最小地震剪力系数 λ，而 λ 与结构的基本周期和地震烈度有关。应特别注意，对于竖向不规则结构的薄弱层，尚应乘以 1.15 的增大系数。

（2）程序调整：程序给出一个控制开关，由设计人员决定是否由程序自动进行调整。若选择由程序自动进行调整，则程序对结构的每一层分别判断，若某一层的剪重比小于规范要求，则相应放大该层的地震作用效应（内力），2010 版按照《抗规》第 5.2.5 的条文说明，当首层地震剪力不满足要求需进行调整时，对其上部所有楼层进行调整，且同时调整位移和倾覆力矩。

（3）人工调整：如果还需人工干预，可按下列两种情况进行调整：

1）当地震剪力偏小而层间侧移角又偏大时，说明结构过柔，宜适当加大墙、柱截面，提高刚度。

2）当地震剪力偏大而层间侧移角又偏小时，说明结构过刚，宜适当减小墙、柱截面，降低刚度以取得合适的经济技术指标。

（4）调整原则：剪重比是反映地震作用大小的重要指标，它可以由"有效质量系数"来控制，而"有效质量系数"与"振型数"有关，如果"有效质量系数"不满足 90%，则可以通过增加振型数来满足。当"有效质量系数"大于 90% 时，可以认为地震作用满足规范要求，此时，再考察结构的剪重比是否合适，如果不满足，新版 SATWE 软件按照《抗规》第 5.2.5 的条文说明，当首层地震剪力不满足要求需进行调整时，对其上部所有楼层进行调整，且同时调整位移和倾覆力矩。调整前和调整后的数据文件保存在 WWNL ＊. OUT 中。这里需要提醒设计人员注意："当底部总剪力相差较大时，结构的选型和总体布置需重新调整，不能仅采用乘以增大系数的方法处理"，即应修改结构布置，增加结构的刚度，使计算的剪重比能自然满足规范要求。

由于地下室质量产生的地震力，主要被室外的回填土吸收，在计算结构的"最小剪重比"时，不考虑地下室部分。

7. 刚重比（WMASS. OUT）

刚重比为结构的侧向刚度与重力荷载设计值之比。主要是控制在风荷载或水平地震作用下，重力荷载产生的二阶效应不致过大，避免结构的失稳倒塌。刚重比不满足要求，说明结构的刚度相对于重力荷载过小；但刚重比过分大，则说明结构的经济技术指标较差，宜适当减少墙、柱等竖向构件的截面面积。刚重比不满足时的调整方法：

（1）规范规定：详见《高规》第 5.4.1 条和 5.4.4 条及条文说明。

（2）程序调整：SATWE 程序无法自动实现。

（3）人工调整：只能通过人工调整改变结构布置，加强墙、柱等竖向构件的刚度。

结构整体抗倾覆验算和稳定验算结果在 SATWE 计算输出文件 WMASS. OUT 中。

第2章 框架结构设计

框架结构就是由梁和柱为主要构件组成的承受竖向和水平作用的结构，是目前应用最广泛的结构形式之一。在合理的高度和层数的情况下，框架结构能够提供较大的建筑空间，其平面布置灵活，可适合多种使用功能的要求，例如办公楼、教学楼、商场和住宅等。框架结构层数较少时，竖向荷载起控制作用，框架结构比较经济，当房屋向更高的层数发展时，采用框架结构形式就会出现矛盾：

（1）强度方面，由于层数和高度的增加，竖向荷载和水平荷载产生的内力都要相应增大，特别是水平荷载产生的内力增加更快。当高度达到一定的数值，框架中将产生相当大的内力。

（2）刚度方面，随着房屋高度的增加，在水平荷载作用下框架结构本身柔性较大，水平位移成为重要的控制因素。若要同时满足强度和刚度的要求，就必须加大构件的截面尺寸，而太大梁柱截面既不经济也不合理。框架结构经济层数大致是：8度抗震区为6层，7度抗震区为9层，6度抗震区及非抗震区为12层。

2.1 框架结构柱网布置要点

框架结构柱网的尺寸主要决定于建筑的使用功能，可以是4~6m的小柱距，也可以是7~9m的大柱距，如果采用独立基础，柱网不宜过大，当采用桩基础时，则柱网不宜过小。柱网布置要做到前后左右对齐，以形成有规则的横向和纵向框架。对有抗震设防要求的框架结构，应尽量使纵横两向框架的刚度相接近，梁柱必须采用刚接，且不应采用单跨框架。

2.2 规范有关规定

1. 框架结构最大适用高度、抗震等级和最大高宽比的确定见表2.2.1（《抗规》表6.1.1和表6.1.2）

表2.2.1 框架结构最大高度、抗震等级和最大高宽比

设防烈度	6		7		8(0.2g)		8(0.3g)		9
最大适用高度/m	60[70]		50		40		35		24
抗震等级	≤24	>24	≤24	>24	≤24	>24	≤24	>24	≤24
	四	三	三	二	二	一	二	一	一
大跨度框架(≥18m)	三		二		一				一
最大高宽比	4[5]		4		3				
说明	1. 表中框架,不包括异形柱框架。 2. 建筑场地为I类时,除6度外应允许按表内降低一度所对应的抗震等级采取抗震构造措施,但相应的计算要求不应降低。 3. [ ]内数字用于非抗震设计。								

需要注意的是上述混凝土框架的抗震等级实质上是抗震措施的抗震等级，在某些情况下，抗震构造措施的抗震等级可能和抗震措施的不同，2010版SATWE软件新增了此选项，详见第1章相关内容。

2. 框架结构伸缩缝、沉降缝和防震缝宽度规定

规范规定现浇框架结构伸缩缝的最大间距为55m，防震缝宽度见表2.2.2所示。

表 2.2.2　框架结构防震缝宽度

设防烈度	6		7		8		9	
高度 H/m	≤15	>15	≤15	>15	≤15	>15	≤15	>15
防震缝宽度/mm	≥100	≥100+4h	≥100	≥100+5h	≥100	≥100+7h	≥100	≥100+10h
说明	1. 防震缝两侧结构类型不同时,宜按需要较宽防震缝的结构类型和较低房屋高度确定缝宽。 2. 抗震设计时,伸缩缝、沉降缝的宽度应满足防震缝的要求。 3. 表中 $h=H-15$							

如果设计的工程伸缩缝间距超过规范规定,则应采取以下主要措施:

(1) 采取减小混凝土收缩或温度变化的措施。

(2) 采用专门的预加应力或增配构造钢筋的措施。

(3) 采用低收缩混凝土材料,采取跳仓浇筑、后浇带、控制缝等施工方法,并加强施工养护。

当伸缩缝间距增大较多时,尚应考虑温度变化和混凝土收缩对结构的影响。

3. 规范对单跨框架结构的限制

单跨框架结构是指整栋建筑全部或绝大部分采用单跨框架的结构,不包括仅局部为单跨框架的框架结构。甲、乙类建筑以及高度大于 24m 的丙类建筑,不应采用单跨框架结构;高度不大于 24m 的丙类建筑不宜采用单跨框架结构。框架结构中某个主轴方向均为单跨,也属于单跨框架结构;某个主轴方向有局部的单跨框架,可不作为单跨框架结构对待。一、二层的连廊采用单跨框架时,需要注意加强。框-墙结构中的框架,可以是单跨。

4. 框架梁截面的中心线与柱中心线宜重合

当梁柱中心线不能重合时,在计算中应考虑偏心对梁柱节点核心区受力和构造的不利影响,以及梁荷载对柱子的偏心影响。梁、柱中心线之间的偏心距,9 度抗震设计时不应大于柱截面在该方向宽度的 1/4;非抗震设计和 6~8 度抗震设计时不宜大于柱截面在该方向宽度的 1/4,如偏心距大于该方向柱宽的 1/4 时,可采取增设梁的水平加腋等措施。设置水平加腋后,仍须考虑梁柱偏心的不利影响。

5. 楼梯间布置要求

对于框架结构,楼梯间的布置不应导致结构平面特别不规则;楼梯构件与主体结构整浇时,应计入楼梯构件对地震作用及其效应的影响,应进行楼梯构件的抗震承载力验算;宜采取构造措施,减少楼梯构件对主体结构刚度的影响。

6. 不与框架柱相连的次梁,可按非抗震要求进行设计。

2.3　框架结构设计经典范例

某 12 层现浇钢筋混凝土框架结构,平面如图 2.3.1 所示。底部 3 层为商业活动区,上部 9 层为办公室,地下 1 层为储藏室。抗震设防烈度 7 度,设计基本地震加速度为 0.1g,Ⅱ类场地,地震分组第一组,基本风压为 0.77kN/m²,地面粗糙度 B 类,丙类建筑,总高度 47.5m。

1. 设计基本条件

(1) 本工程属"普通房屋"。设计使用年限按第 3 类别,确定为 50 年,见《可靠度标准》第 1.0.5 条。

(2) 本工程属"一般的房屋"。建筑结构安全等级为二级,相应结构重要性系数 $\gamma_0=1.0$,见《可靠度标准》第 1.0.8 条和第 7.0.3 条。

(3) 混凝土结构环境类别。地面以上为一类,地面以下为二 a 类,见《混规》第 3.5.2 条(原算例未明确,本算例补充)

【新规范链接】2010 版《混规》相关修改：

▶增加混凝土结构的环境类别（第 1.5.2 条）。

▶调整混凝土材料的基本要求（第 3.5.3 条）。

（4）抗震设计参数。抗震设防烈度 7 度，设计基本地震加速度 0.1g，地震分组为第一组，建筑抗震设防类别为标准设防类，建筑场地类别Ⅱ类，框架抗震等级二级。

（5）特征周期值 T_g（s）。T_g（s）取为 0.35，见《抗规》第 5.1.4 条中表 5.4.1-2。

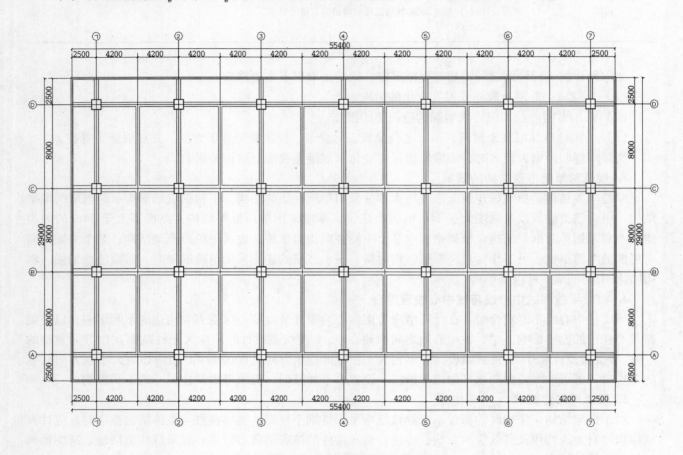

图 2.3.1　某办公楼结构平面图

2. 主要结构材料

各层梁、板、柱采用的混凝土强度等级和钢筋牌号见表 2.3.1，为了同原范例进行比较，取和范例一致的材料。

表 2.3.1　混凝土强度等级和钢筋牌号

构件名称	柱		梁		板	
	纵筋	箍筋	纵筋	箍筋	受力钢筋	分布钢筋
钢筋牌号	HRB335	HPB235	HRB335	HPB235	HRB335	HPB235
混凝土强度等级	C30		C30		C30	

3. 设计荷载取值

（1）屋面恒载、活荷载取值：

　　　　　屋面板 100mm 厚　　　　　　　2.5kN/m²
　　　　　屋面保温防水做法　　　　　　1.6kN/m²
　　　　　吊顶管道　　　　　　　　　　0.4kN/m²

　　　　　总计　　　　　　　　　　　　4.5kN/m²
　　　　　活荷载（上人屋面）　　　　　2.0kN/m²
（2）1~3 层商业部分楼面恒载、活荷载取值：
　　　　　楼板 120mm 厚　　　　　　　3.0kN/m²
　　　　　粉面底（包括吊顶管道）　　　1.0kN/m²
　　　　　室内轻质隔墙折算为均布　　　1.0kN/m²

　　　　　总计　　　　　　　　　　　　5.0kN/m²
　　　　　活荷载　　　　　　　　　　　3.5kN/m²
（3）4~12 层办公部分楼面恒载、活荷载取值：
　　　　　楼板 100mm 厚　　　　　　　2.5kN/m²
　　　　　粉面底（包括吊顶管道）　　　1.0kN/m²
　　　　　室内轻质隔墙折算为均布　　　1.0kN/m²

　　　　　总计　　　　　　　　　　　　4.5kN/m²
　　　　　活荷载　　　　　　　　　　　2.0kN/m²
（4）基本风压：$W_0 = 0.77$ kN/m²
（5）四周外围墙（200mm 加气混凝土，容重 13kN/m²）
　　　　　2~3 层商业部分外墙重　　　　4.7kN/m
　　　　　4~12 层办公部分外墙重　　　　3.8kN/m

2.4　结构模型的建立和荷载输入

　　通过 PMCAD，输入结构计算模型见图 2.4.1，梁板柱截面见表 2.4.1，荷载如图 2.4.2、图 2.4.3 所示。

表 2.4.1　框架模型参数　　　　　　　　　　　　　　　　　（单位：mm）

自然层	标准层	层高	柱	横向框梁	纵向内框梁	纵向边框梁	边梁	横向次梁	板厚	混凝土强度等级
1	1	6000	950×950	400×800	600×800	400×800	200×1000	350×800	120	C30
2	2	5000	950×950	400×800	600×800	400×800	200×1000	350×800	120	C30
3	3	5000	950×950	400×800	600×800	400×800	200×1000	350×800	100	C30
4~6	4	3500	850×850	400×700	600×700	400×700	200×900	350×700	100	C30
7~8	5	3500	750×750	400×700	600×700	400×700	200×900	350×700	100	C30
9~12	6	3500	600×600	400×700	600×700	400×700	200×900	350×700	100	C30

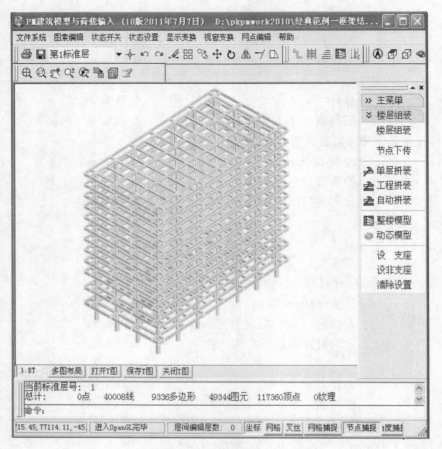

图 2.4.1 办公楼框架结构模型

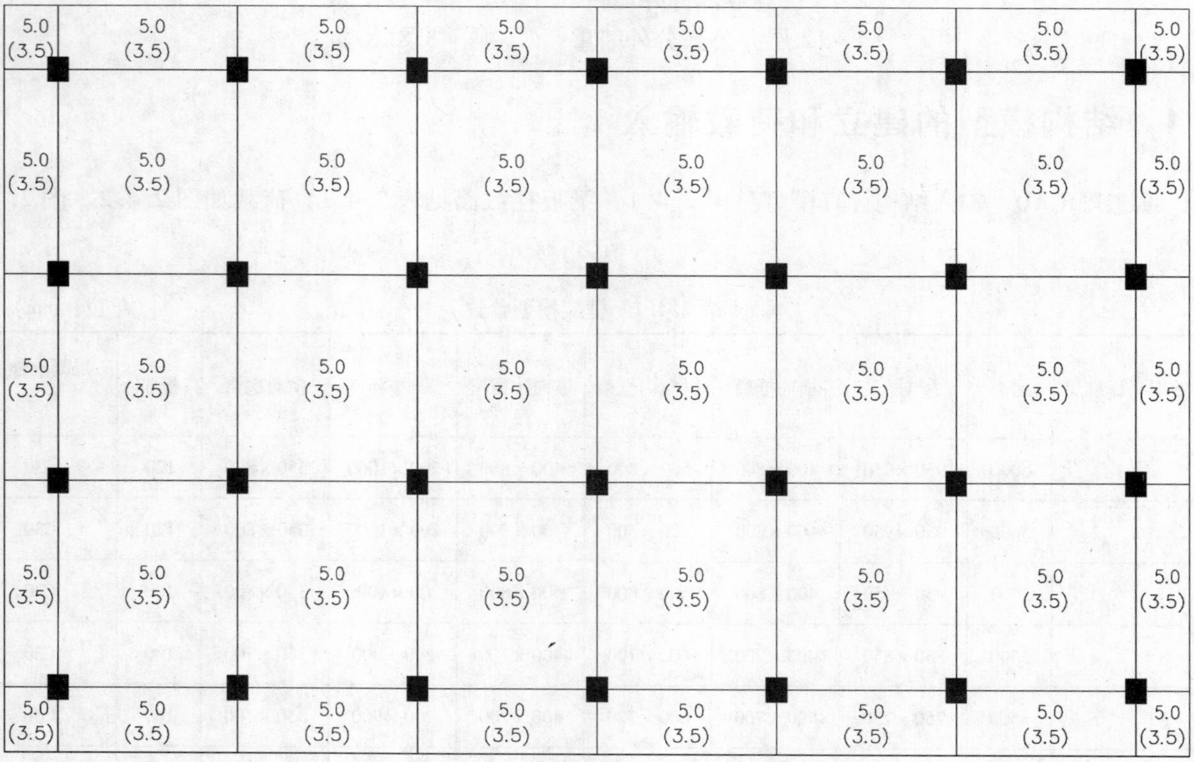

5.0 (3.5)	5.0 (3.5)	5.0 (3.5)	5.0 (3.5)	5.0 (3.5)	5.0 (3.5)	5.0 (3.5)	5.0 (3.5)
5.0 (3.5)	5.0 (3.5)	5.0 (3.5)	5.0 (3.5)	5.0 (3.5)	5.0 (3.5)	5.0 (3.5)	5.0 (3.5)
5.0 (3.5)	5.0 (3.5)	5.0 (3.5)	5.0 (3.5)	5.0 (3.5)	5.0 (3.5)	5.0 (3.5)	5.0 (3.5)
5.0 (3.5)	5.0 (3.5)	5.0 (3.5)	5.0 (3.5)	5.0 (3.5)	5.0 (3.5)	5.0 (3.5)	5.0 (3.5)

图 2.4.2 商业部分楼面荷载平面图

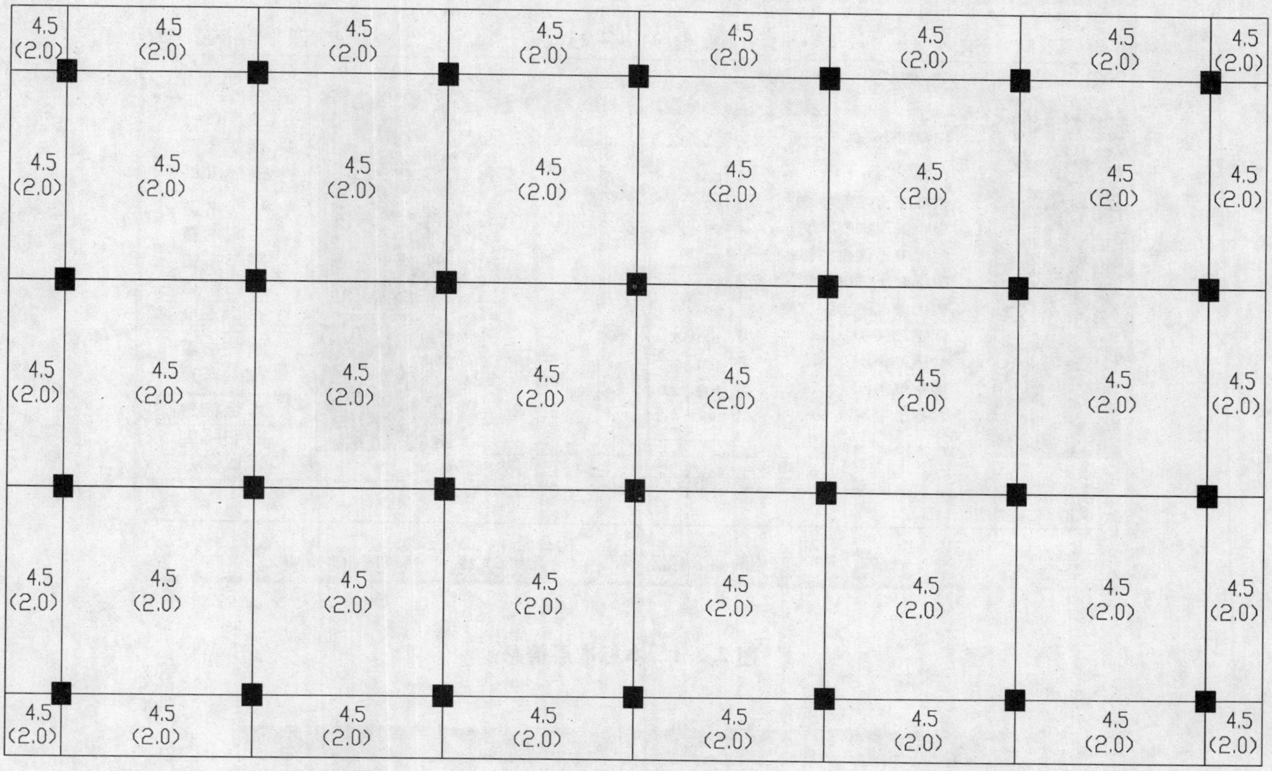

图 2.4.3　办公部分楼面及屋面荷载平面图

2.5　设计参数的选取

PMCAD 中有三种参数，第一种为选项参数，第二种为内定参数，第三种为必填参数，新版本《混规》、《高规》、《抗规》对设计参数有重大调整，也是需我们重点学习的部分。设计参数共包括总信息、材料信息、地震信息、风荷载信息和钢筋信息五项。

1. 本层信息中参数的确定

对于每一个标准层，在本层信息中可以确定板的厚度、钢筋类别、强度等级及层高等，如图 2.5.1 所示。

【新规范链接】2010 版《混规》相关修改：

▶增加 500MPa 级热轧带肋钢筋（第 4.2.1 条）。

▶用 300MPa 级光圆钢筋取代 235MPa 级钢筋（第 4.2.1 条）。

▶混凝土保护层厚度不再以纵向受力钢筋的外缘，而以最外层钢筋（包括箍筋、构造筋、分布筋）的外缘计算混凝土保护层厚度（第 8.2.1 条）。

2. 建模总信息

重点关注梁柱保护层厚度的选取，模块中默认值为 20mm。

【新规范链接】2010 版《高规》相关修改：

▶增加了考虑结构使用年限的活荷载调整系数 γ_{L}（第 5.6.1 条），模块中"总信息"选项卡中此项为新增，默认值取"1.0"（按设计使用年限为 50 年取值，100 年对应为 1.1）。

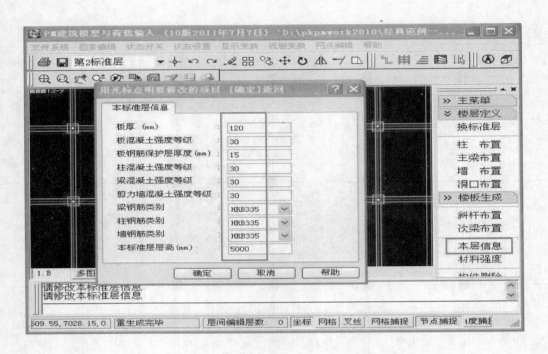

图 2.5.1　本标准层信息

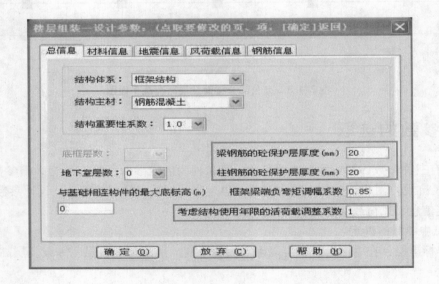

图 2.5.2　建模总信息

3. 建模材料信息（图 2.5.3）

重点参数：新版菜单保留了 HPB235 级钢，取同原范例 Ⅰ 级钢。

4. 建模地震信息（图 2.5.4）

【新规范链接】2010 版《高规》相关修改：

▶增加了甲、乙类建筑以及建造在对 Ⅲ、Ⅳ 类场地且涉及基本地震加速度为 0.15g 和 0.30g 的丙类建筑，按本规程第 3.9.1 条和 3.9.2 条规定提高一度确定抗震等级时，如果房屋高度超过提高一度后对应的房屋最大适用高度，则应采取比对应抗震等级更有效的抗震构造措施（第 3.9.7 条）。

　　为此，本模块新增"抗震构造措施的抗震等级"下拉列表，由设计人员指定是否提高或降低相应的等级，默认不改变。

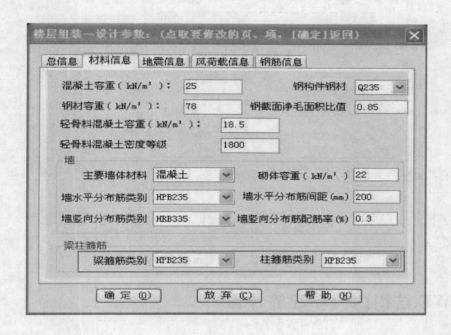

图 2.5.3　建模材料信息

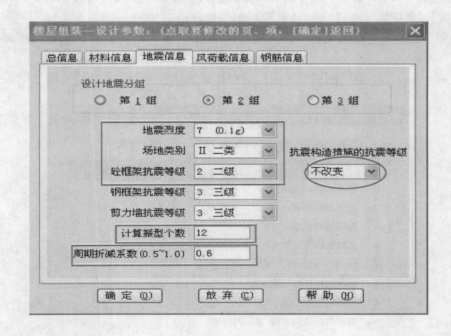

图 2.5.4　建模地震信息

5. 建模风荷载信息（图 2.5.5）

6. 建模钢筋信息

一般情况采用模块默认值。

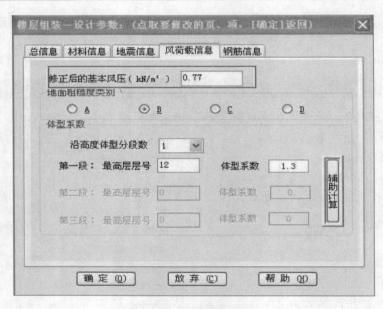

图 2.5.5　建模风荷载信息

2.6　SATWE 结构内力和配筋计算

1. SATWE 计算参数确定（图 2.6.1 ~ 图 2.6.7）

接 PM CAD 生成 SATWE 数据，菜单 1 和 6 必须执行，参数取值及说明详见第 1 章有关内容。

【新规范链接】2010 版《高规》和《混规》相关修改：

▶《混规》第 5.4.3 条　框架梁负弯矩调幅不宜超过 25%，调整后梁端相对受压区高度不应超过 0.35。

▶《高规》第 5.2.2 条　梁的刚度增大系数应根据梁翼缘尺寸与梁截面尺寸的比例关系确定。

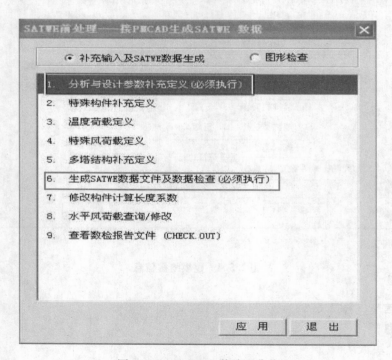

图 2.6.1　SATWE 前处理菜单

　　完成第1项"SATWE 分析与设计参数补充定义"菜单后，若无特殊构件和荷载定义，可直接执行第6项"生成 SATWE 数据文件及数据检查"菜单，然后生成后续计算必需的数据文件。

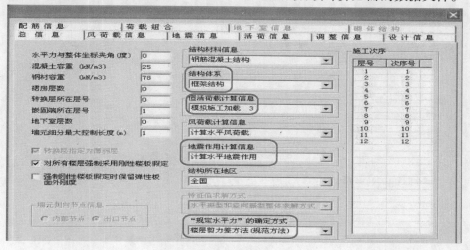

图 2.6.2　总信息参数

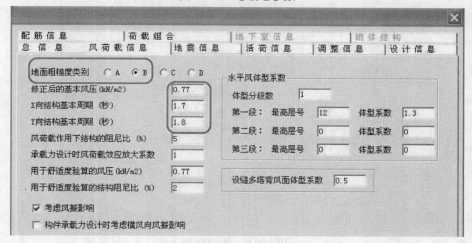

图 2.6.3　风荷载信息

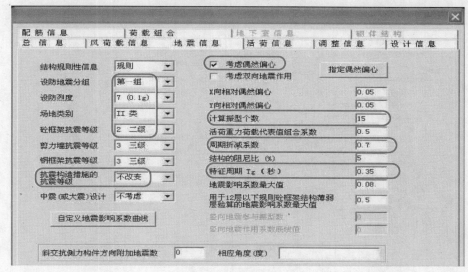

图 2.6.4　地震信息

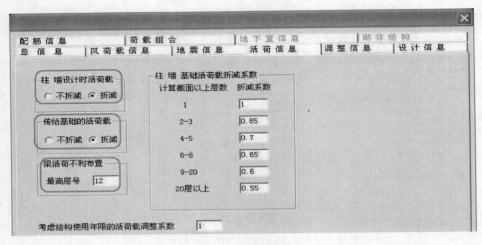

图 2.6.5　活荷载信息

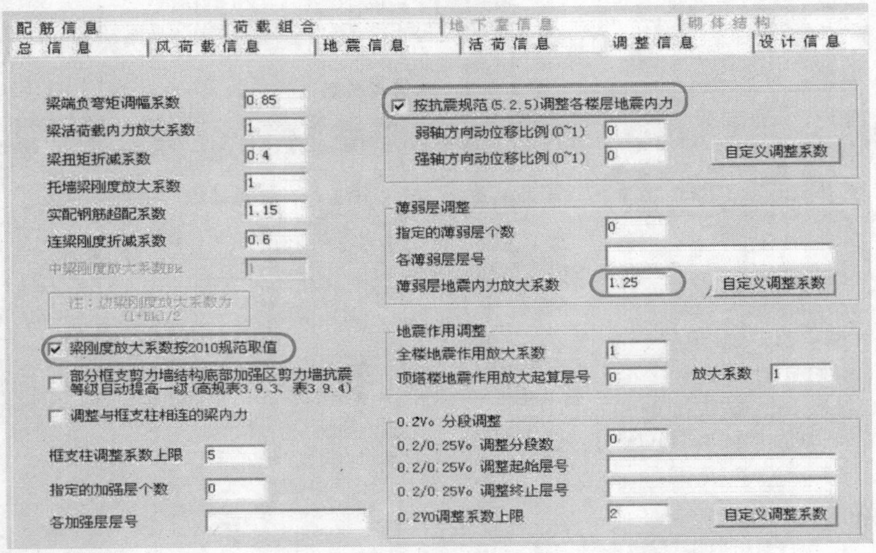

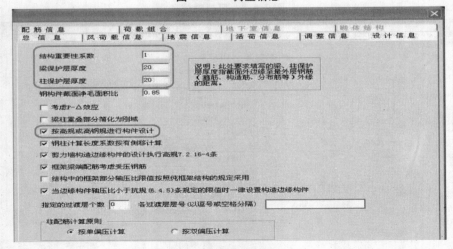

图 2.6.6　调整信息

图 2.6.7　设计信息

2. SATWE 结构内力和配筋计算

执行 SATWE 主菜单第 2 项 "结构内力和配筋计算" 后弹出如图 2.6.8 所示页面,按第 1 章要求进行参数选择后，直接按"确认"进行 SATWE 计算。

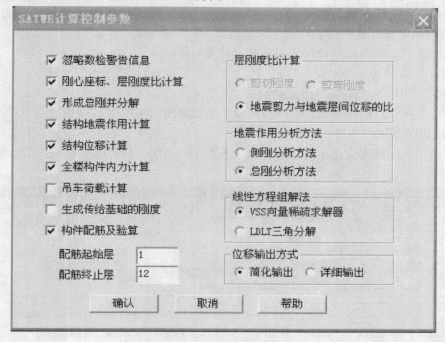

图 2.6.8　SATWE 计算控制参数

2.7　结构计算结果的分析对比

执行 SATWE 柱菜单第 4 项"分析结果图形和文本显示"，可以查看构件配筋等内容。SATWE 软件计算结果包括图形输出和文本输出两部分，如图 2.7.1 所示。图形输出文件共 17 项，对纯框架结构来说，设计人员需重点查看 2、9、13 项菜单的内容，其中第 2 项菜单"混凝土构件配筋及钢构件验算简图"包含的信息最多。文本输出文件共 12 项，需重点查看第 1、2、3 项菜单的内容，其中第 9 项菜单主要针对框架剪力墙结构体系。

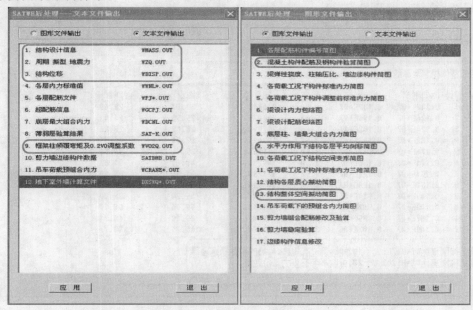

图 2.7.1　计算结果图形和文本菜单

2.7.1　文本文件输出内容

1. 建筑结构的总信息（WMASS. OUT）

重点关注层刚度比、刚重比和楼层受剪承载力计算结果。

（1）层刚度比计算结果

【新规范链接】2010 版《高规》相关规定：

▶第 3.5.2 条规定　对框架结构，本层与其相邻上层的侧向刚度比 γ_1 不宜小于 0.7，与相邻上部三层刚度平均值的比值不宜小于 0.8。

▶第 3.5.8 条规定　刚度变化不符合第 3.5.2 条要求的楼层，其对应于地震作用标准值的剪力应乘以 1.25 的增大系数。

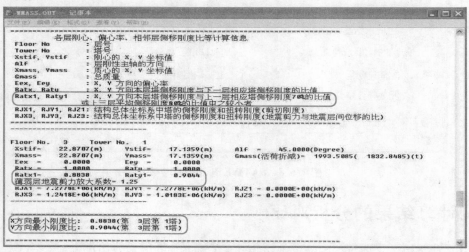

图 2.7.2　层刚度比计算结果

【分析】从上图可以看出，由于该框架结构第三层 X 和 Y 方向刚度比不满足规范要求，SATWE 程序自动将该楼层定义为薄弱层，并按《高规》第 3.5.8 条要求对该层地震作用标准值的地震剪力乘以 1.25 的增大系数。

（2）刚重比计算结果（图 2.7.3）

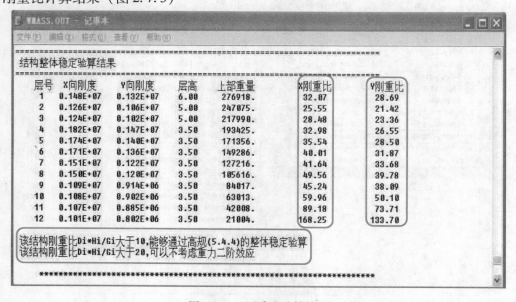

图 2.7.3　刚重比计算结果

【新规范链接】2010 版《高规》相关规定：

▶第 5.4.1　当高层框架结构满足下列规定时，弹性计算分析时可不考虑重力二阶效应的不利影响。

$$D_i \geq 20 \sum_{j=i}^{n} G_j / h_i \, (i = 1, 2, \cdots, n)$$

▶第 5.4.4 条　**高层框架结构的整体稳定性应符合下列规定：**

$$D_i \geq 10 \sum_{j=i}^{n} G_j / h_i \, (i = 1, 2, \cdots, n)$$

【分析】该框架结构刚重比满足规范要求，能够通过《高规》的整体稳定验算，可以不考虑重力二阶效应。

（3）楼层受剪承载力计算结果（图 2.7.4）

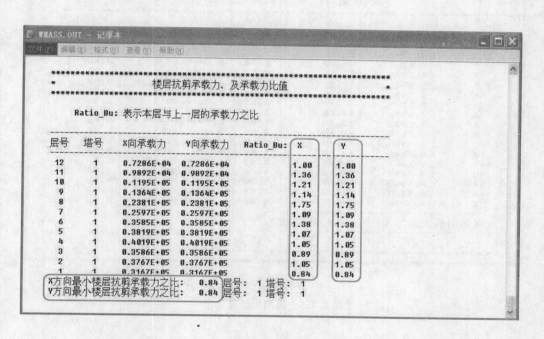

图 2.7.4　楼层受剪承载力计算结果

【新规范链接】2010 版《高规》相关规定：

▶第 3.5.3 条　A 级高度高层建筑的楼层抗侧力结构的层间受剪承载力不宜小于其相邻上一层受剪承载力的 80%，不应小于其相邻上一层受剪承载力的 65%；B 级高度高层建筑的楼层抗侧力结构的层间受剪承载力不应小于其相邻上一层受剪承载力的 75%。

【分析】X 和 Y 方向最小楼层抗剪承载力之比满足《高规》3.5.3 条规定。

2. 周期、地震力与振型输出文件（WZQ.OUT）

（1）周期比计算结果（图 2.7.5）

【新规范链接】2010 版《高规》相关规定：

▶第 3.4.5 条　结构扭转为主的第一自振周期 T_t 与平动为主的第一自振周期 T_1 之比，A 级高度高层建筑不应大于 0.9，B 级高度高层建筑、超过 A 级高度的混合结构及本规程第 10 章所指的复杂高层建筑不应大于 0.85。

【分析】判断平动周期和扭转周期时，一般情况下，主要看前三个振型就可以判断。本工程第一、三振型为平动（平动系数为 1.00），第二振型为扭转（扭转系数为 1.00），周期比为 0.95 > 0.9，不满足规范要求，需进行调整。由于该框架结构第二振型为扭转，说明结构沿两个主轴方向的侧移刚度相差较大，结构的扭转刚度相对其中一主轴（第一振型转角方向）的侧移刚度是合理的；但相对于另一主轴（第三振型转角方向）的侧移刚度则过小，此时宜适当削弱结构内部沿“第三振型转角方向”的刚度，并适当加强结构外围（主要是沿第一振型转角方向）的刚度。按照以上思路，具体调整方法如下：①增大框架角柱及最外边二侧边框柱的截面（如图 2.7.6 椭圆内的柱）。②减小内框柱截面面积（如图 2.7.6 方框内的柱）。

WZQ.OUT - 记事本

文件(F) 编辑(E) 格式(O) 查看(V) 帮助(H)

周期、地震力与振型输出文件
(VSS求解器)

考虑扭转耦联时的振动周期(秒)、X,Y 方向的平动系数、扭转系数

振型号	周 期	转 角	平动系数 (X+Y)	扭转系数
1	1.8251	90.00	1.00 (0.00+1.00)	0.00
2	1.7324	34.81	0.00 (0.00+0.00)	1.00
3	1.6587	180.00	1.00 (1.00+0.00)	0.00
4	0.6409	90.00	1.00 (0.00+1.00)	0.00
5	0.6151	37.71	0.00 (0.00+0.00)	1.00
6	0.5922	180.00	1.00 (1.00+0.00)	0.00
7	0.3590	90.00	1.00 (0.00+1.00)	0.00
8	0.3474	43.80	0.00 (0.00+0.00)	1.00
9	0.3346	180.00	1.00 (1.00+0.00)	0.00
10	0.2447	90.00	1.00 (0.00+1.00)	0.00
11	0.2381	44.84	0.00 (0.00+0.00)	1.00
12	0.2303	180.00	1.00 (1.00+0.00)	0.00
13	0.1865	90.00	1.00 (0.00+1.00)	0.00
14	0.1825	48.10	0.00 (0.00+0.00)	1.00
15	0.1775	180.00	1.00 (1.00+0.00)	0.00

地震作用最大的方向 = 0.000 (度)

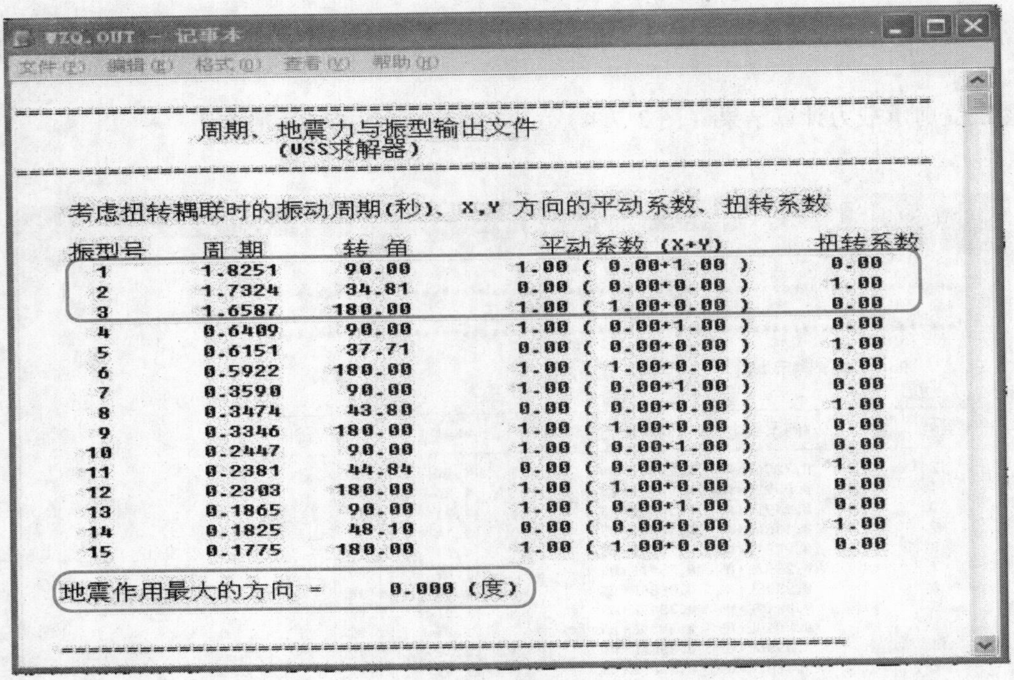

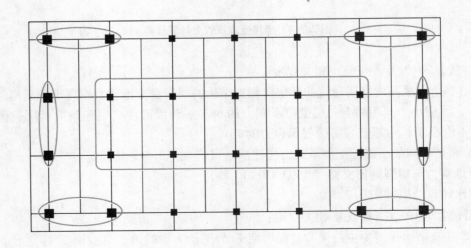

图 2.7.5 周期比计算结果

图 2.7.6 调整柱截面尺寸

调整后的周期比计算结果如图 2.7.7 所示。

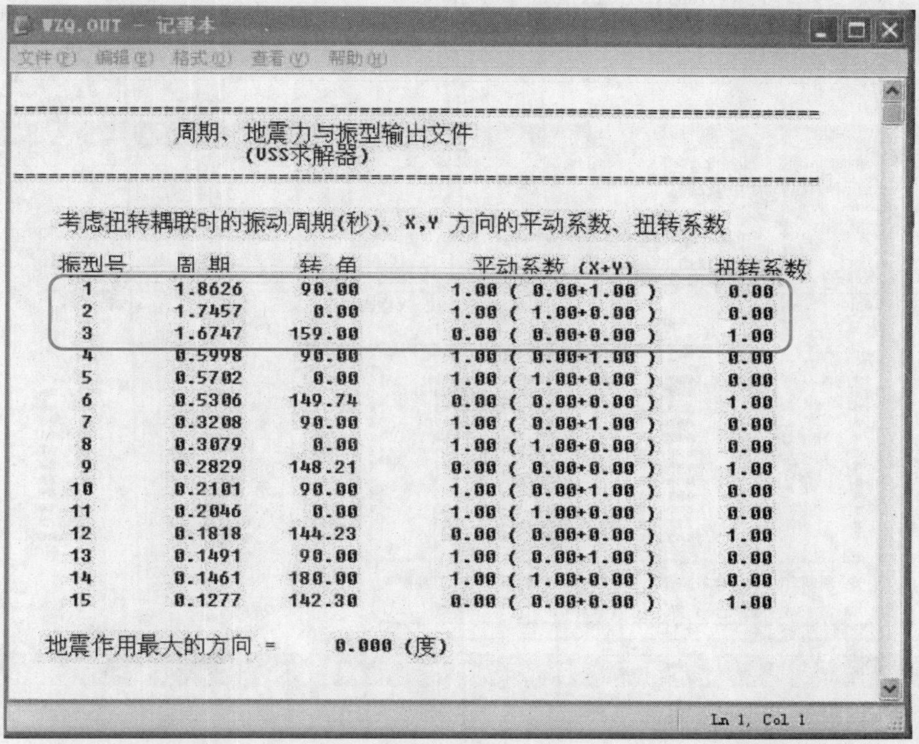

WZQ.OUT - 记事本

文件(F) 编辑(E) 格式(O) 查看(V) 帮助(H)

周期、地震力与振型输出文件
(VSS求解器)

考虑扭转耦联时的振动周期(秒)、X,Y 方向的平动系数、扭转系数

振型号	周 期	转 角	平动系数 (X+Y)	扭转系数
1	1.8626	90.00	1.00 (0.00+1.00)	0.00
2	1.7457	0.00	1.00 (1.00+0.00)	0.00
3	1.6747	159.00	0.00 (0.00+0.00)	1.00
4	0.5998	90.00	1.00 (0.00+1.00)	0.00
5	0.5702	0.00	1.00 (1.00+0.00)	0.00
6	0.5306	149.74	0.00 (0.00+0.00)	1.00
7	0.3208	90.00	1.00 (0.00+1.00)	0.00
8	0.3079	0.00	1.00 (1.00+0.00)	0.00
9	0.2829	148.21	0.00 (0.00+0.00)	1.00
10	0.2101	90.00	1.00 (0.00+1.00)	0.00
11	0.2046	0.00	1.00 (1.00+0.00)	0.00
12	0.1818	144.23	0.00 (0.00+0.00)	1.00
13	0.1491	90.00	1.00 (0.00+1.00)	0.00
14	0.1461	180.00	1.00 (1.00+0.00)	0.00
15	0.1277	142.30	0.00 (0.00+0.00)	1.00

地震作用最大的方向 = 0.000 (度)

Ln 1, Col 1

图 2.7.7 调整后的周期比计算结果

从调整后的周期输出文件我们可以看出，调整前第二振型为扭转周期，调整后，第二振型为平动周期，第三振型为扭转周期，这是比较理想的结果，而且周期比 $T_t/T_1=0.899<0.9$ 满足规范要求。为了与原范例计算结果进行对比，后续内容都是未做调整的计算结果。

（2）X、Y 方向的剪重比，有效质量系数计算结果（图 2.7.8）

【新规范链接】2010 版《高规》、《抗规》相关规定：

▶《抗规》第 5.2.5 条和《高规》第 4.3.12 条 **抗震验算时，结构各楼层对应于地震作用标准值的剪力应符合下式：**

$$V_{EKi}\geqslant\lambda\sum_{j=i}^{n}G_j（\lambda\text{ 取值见《高规》表 4.3.12}）$$

▶《抗规》第 5.2.2 条文说明和《高规》第 4.3.10 条文说明，“振型个数一般可取振型参与质量达到总质量的 90% 所需的振型数”。

【分析】X 和 Y 方向计算剪重比大于规范要求的最小剪重比 1.6%，有效质量系数大于 90%。有效质量系数是判定结构振型数够不够的重要指标，也是地震作用够不够的重要指标。当有效质量系数大于 90% 时，表示振型数、地震作用满足规范要求，反之应增加计算的振型数。

3. SATWE 位移输出文件（WDISP. OUT）

（1）扭转位移比和层间位移角计算结果

【新规范链接】2010 版《高规》（图 2.7.9、图 2.7.10）《抗规》相关规定：

▶《高规》第 3.4.5 条 在考虑偶然偏心影响的规定水平地震力作用下，楼层竖向构件最大的水平位移和层间位移，A 级高度高层建筑不宜大于该楼层平均值的 1.2 倍，不应大于该楼层平均值的 1.5

倍；B 级高度高层建筑、超过 A 级高度的混合结构及本规程第 10 章所指的复杂高层建筑不宜大于该楼层平均值的 1.2 倍，不应大于该楼层平均值的 1.4 倍。

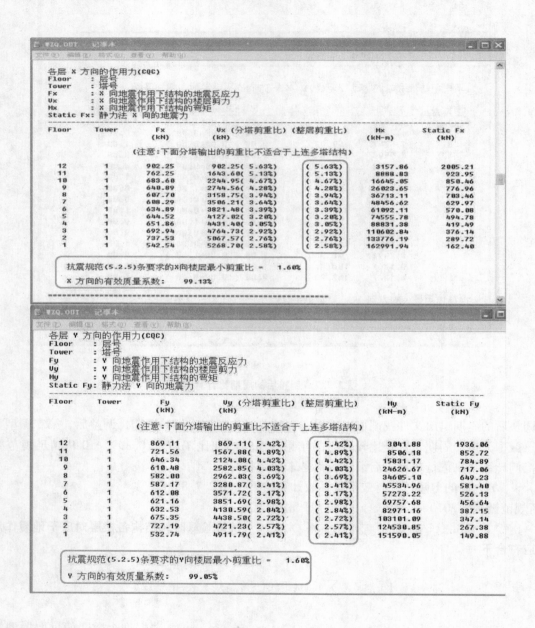

图 2.7.8　*X*、*Y* 方向的剪重比，有效质量系数计算结果

▶《高规》第 3.7.3 条、《抗规》第 5.5.1 条，"框架弹性层间位移角限值：

$$[\theta_e] = \Delta u / h \leqslant 1/550$$

【分析】从图 2.7.9 和图 2.7.10 中可以看出，该框架结构在考虑偶然偏心影响的规定水平地震力作用下（工况 12、13、15、16），*X* 向位移比为 1.05，*Y* 向位移比为 1.18 < 1.2；在地震作用下（工况 1、4），最大层间位移角为 1/1214，在风荷载作用下（工况 7、8），最大层间位移角为 1/1153 < 1/550，因此位移比和位移角满足规范要求。

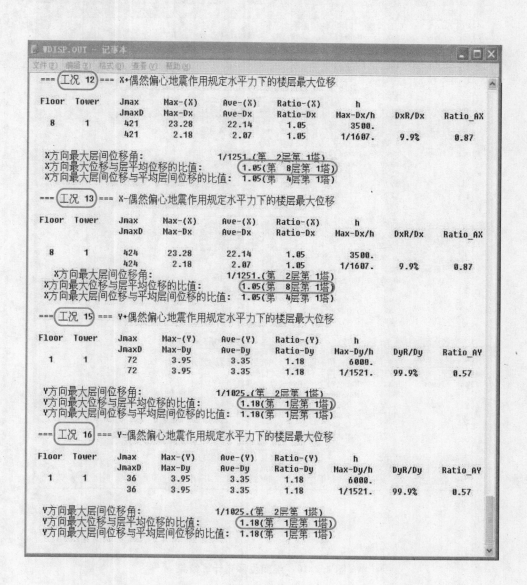

图 2.7.9　扭转位移比计算结果

```
WDISP.OUT - 记事本
文件(F) 编辑(E) 格式(O) 查看(V) 帮助(H)
=== 工况  1 === X 方向地震作用下的楼层最大位移
Floor  Tower     Jmax     Max-(X)     Ave-(X)    Ratio-(X)        h
                 JmaxD    Max-Dx      Ave-Dx     Ratio-Dx     Max-Dx/h     DxR/Dx     Ratio_AX
  2      1        91       7.02        7.02        1.00         5000.
                  91       3.78        3.78        1.00        1/1324.     28.4%        0.90
  1      1        36       3.25        3.25        1.00         6000.
                  36       3.25        3.25        1.00        1/1848.     99.9%        0.62

 X方向最大层间位移角:                       1/1324.(第  2层第 1塔)
 X方向最大位移与层平均位移的比值:              1.00(第 12层第 1塔)
 X方向最大层间位移与平均层间位移的比值:        1.00(第 12层第 1塔)
=== 工况  4 === Y 方向地震作用下的楼层最大位移
Floor  Tower     Jmax     Max-(Y)     Ave-(Y)    Ratio-(Y)        h
                 JmaxD    Max-Dy      Ave-Dy     Ratio-Dy     Max-Dy/h     DyR/Dy     Ratio_AY
  2      1       127       7.44        7.44        1.00         5000.
                 127       4.12        4.12        1.00        1/1214.     32.7%        0.87
  1      1        72       3.33        3.33        1.00         6000.
                  72       3.33        3.33        1.00        1/1803.     99.9%        0.57

 Y方向最大层间位移角:                       1/1214.(第  2层第 1塔)
 Y方向最大位移与层平均位移的比值:              1.00(第  1层第 1塔)
 Y方向最大层间位移与平均层间位移的比值:        1.00(第  3层第 1塔)
=== 工况  7 === X 方向风荷载作用下的楼层最大位移
Floor  Tower     Jmax     Max-(X)     Ave-(X)    Ratio-(X)        h
                 JmaxD    Max-Dx      Ave-Dx     Ratio-Dx     Max-Dx/h     DxR/Dx     Ratio_AX
  2      1        94       3.63        3.63        1.00         5000.
                  94       1.93        1.93        1.00        1/2591.     26.5%        0.95
  1      1        39       1.70        1.70        1.00         6000.
                  39       1.70        1.70        1.00        1/3525.     99.9%        0.65

 X方向最大层间位移角:                       1/2591.(第  2层第 1塔)
 X方向最大位移与层平均位移的比值:              1.00(第  7层第 1塔)
 X方向最大层间位移与平均层间位移的比值:        1.00(第 11层第 1塔)
=== 工况  8 === Y 方向风荷载作用下的楼层最大位移
Floor  Tower     Jmax     Max-(Y)     Ave-(Y)    Ratio-(Y)        h
                 JmaxD    Max-Dy      Ave-Dy     Ratio-Dy     Max-Dy/h     DyR/Dy     Ratio_AY
  2      1       127       7.92        7.92        1.00         5000.
                 127       4.34        4.34        1.00        1/1153.     31.1%        0.92
  1      1        72       3.59        3.59        1.00         6000.
                  72       3.59        3.59        1.00        1/1672.     99.9%        0.60

 Y方向最大层间位移角:                       1/1153.(第  2层第 1塔)
 Y方向最大位移与层平均位移的比值:              1.00(第  1层第 1塔)
 Y方向最大层间位移与平均层间位移的比值:        1.00(第 12层第 1塔)
```

图 2.7.10　层间位移角计算结果

2.7.2　图形文件输出内容

1. 混凝土构件配筋及钢构件验算简图

此项菜单可以说是包含信息量最多的一项菜单，它以图形的方式告诉我们每一楼层的配筋验算结果，对不满足规范要求的结果以结构设计人员熟知的“数据显红”方式表示出来，方便设计人员校核和调整。设计人员必须能看懂图形文件中每一字符串所表达的含义，若对某一“字符串”不太清楚，可通过软件帮助菜单（如图 2.7.11 所示）或 SATWE 用户手册获取帮助。

（1）轴压比计算结果

【新规范链接】2010 版《高规》、《抗规》相关规定：

► 《高规》第 6.4.2 条 ，《抗规》第 6.3.6 条对框架结构轴压比都给出了限值，见表 2.7.1。

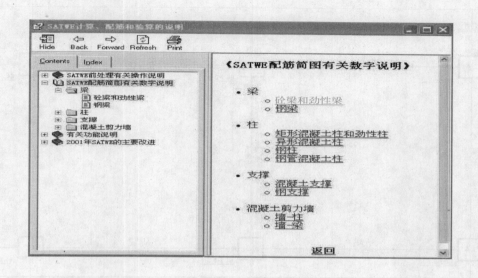

图 2.7.11　SATWE 配筋简图有关数字说明

表 2.7.1　柱轴压比限值

结构类型	抗　震　等　级			
	一	二	三	四
框架结构	0.65	0.75	0.85	0.90

需特别提醒设计人员的是，在校核框架柱轴压比时，一定要注意以下几项规定：

1）表内数值适用于混凝土强度等级不高于 C60 的柱。当混凝土强度等级为 C65～C70 时，轴压比限值应比表中数值降低 0.05；当混凝土强度等级为 C75～C80 时，轴压比限值应比表中数值降低 0.10。

2）表内数值适用于剪跨比 > 2 的柱；当 1.5 ≤ 剪跨比 ≤ 2 时，其轴压比限值应比表中数值减小 0.05；当剪跨比 < 1.5 时，其轴压比限值应专门研究并采取特殊构造措施。

3）当沿柱全高采用井字形复合箍，箍筋间距 ≤ 100mm、肢距 ≤ 200mm、直径 ≥ 12mm，或当沿柱全高采用复合螺旋箍，箍筋螺距 ≤ 100mm、肢距 ≤ 200mm、直径 ≥ 12mm，或当沿柱全高采用连续复合螺旋箍，且螺距 ≤ 80mm，肢距 ≤ 200mm、直径 ≥ 10mm 时，轴压比限值可增加 0.10。

4）当柱截面中部设置由附加纵向钢筋形成的芯柱，且附加纵向钢筋的截面面积不小于柱截面面积的 0.8% 时，柱轴压比限值可增加 0.05。当本项措施与第 3 项的措施共同采用时，柱轴压比限值可比表中数值增加 0.15，但箍筋的配箍特征值仍可按轴压比增加 0.10 的要求确定。

5）调整后的柱轴压比限值不应大于 1.05。

如发现有部分梁或柱中数据显示红色，就应该返回到 PMCAD 模型菜单中对梁柱截面或材料进行调整，然后重新计算，调整的过程也许要反复多次才能满足要求。

【分析】由于本工程框架抗震等级为二级，采用 C30 混凝土，查表 2.7.1 可知，规范要求最大轴压比为 0.75，从图形输出文件中可知，首层周边框架柱的轴压比最大为 0.74，小于规范限值，轴压比无需调整，柱截面合适。

（2）梁柱截面配筋计算结果

如果没有显示红色的数据，表示梁柱截面取值基本合适，没有超筋现象，符合配筋计算和构造要求。可以进入后续的构件优化设计阶段。

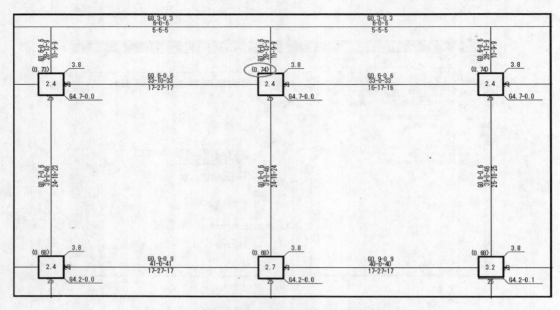

图 2.7.12　框架结构底层局部柱轴压比及配筋计算结果

2. 水平力作用下各层平均侧移简图（图 2.7.13 ~ 图 2.7.22）

通过这项菜单，设计人员可以查看在地震作用和风荷载作用下结构的变形和内力，内容包括每一层的地震力、地震引起的楼层剪力、弯矩，位移，位移角以及每一层的风荷载、风荷载作用下的楼层剪力、弯矩、位移和位移角（与文本文件输出的内容相一致）。

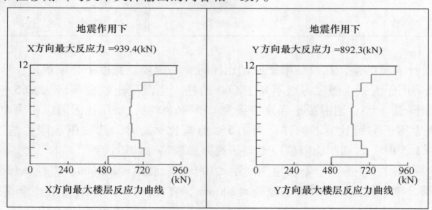

图 2.7.13　地震力

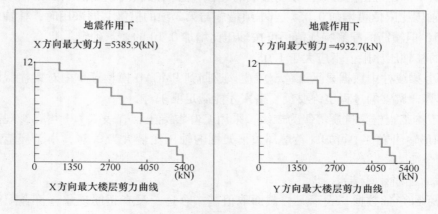

图 2.7.14　地震作用下层剪力

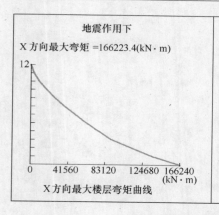
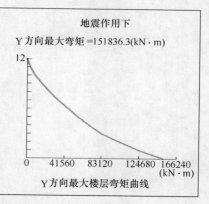

图 2.7.15　地震作用下倾覆弯矩

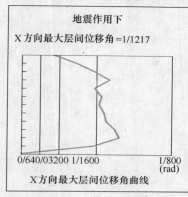
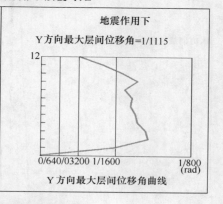

图 2.7.16　地震作用下层位移

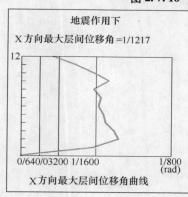
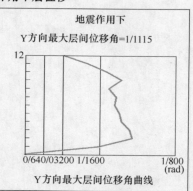

图 2.7.17　地震作用下层间位移角

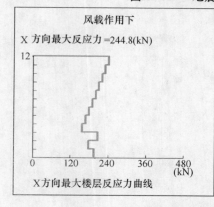
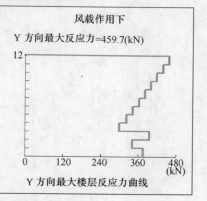

图 2.7.18　风荷载作用下楼层反应力

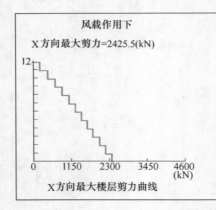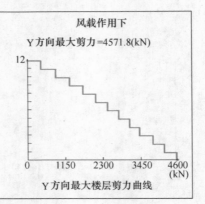

图 2.7.19　风荷载作用下层剪力

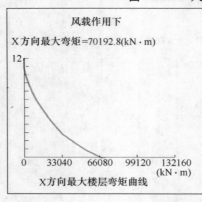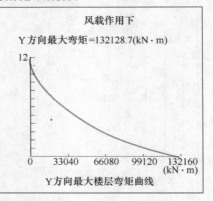

图 2.7.20　风荷载作用下倾覆弯矩

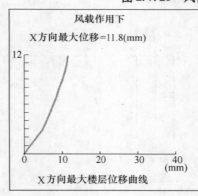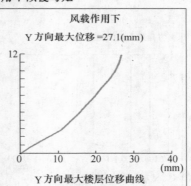

图 2.7.21　风荷载作用下楼层位移

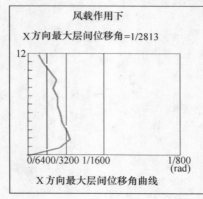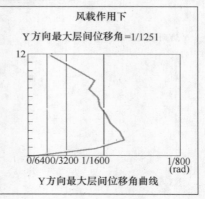

图 2.7.22　风载作用下层间位移角

3. 结构整体空间振动简图

本菜单可以显示详细的结构三维振型图及其动画，也可以显示结构某一跨或任一平面部分的振型动画。在调整模型的时候，重点建议设计人员从查看三维振型动画入手，由此可以一目了然地看出每个振型的形态，据此可以判断结构的薄弱方向，从而看出结构计算模型是否存在明显的错误，尤其在验算周期比时，侧振第一周期和扭转第一周期的确定，一定要参考三维振型图，这样可以避免错误的判断。当周期比不满足规范要求需进行调整时，也必须参考三维振型图，寻求最好的调整方案。图 2.7.23 为调整前框架结构的前三个振型的三维振型图，其中第一振型为沿 Y 向的平动，第二振型为扭转，第三振型为沿 X 向平动。

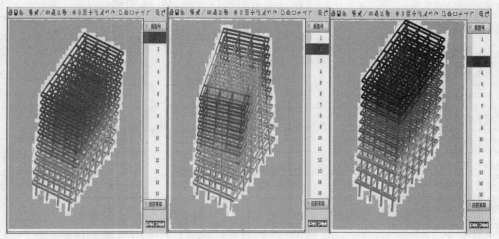

图 2.7.23　调整前框架结构前三个振型的三维振型图

经调整后的三维振型图如下，其中第一振型为沿 Y 向的平动，第二振型为沿 X 向平动，第三振型为扭转，如图 2.7.24 所示。

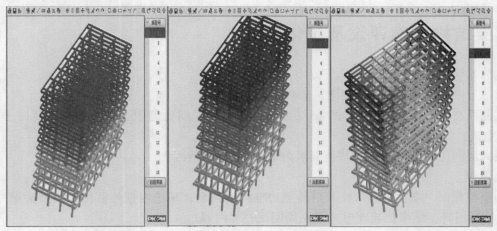

图 2.7.24　调整后框架结构前三个振型的三维振型图

2.7.3　三种计算方法的结果比较

对采用新旧规范版 PKPM 软件计算结果和简化手算结果进行比较，详见表 2.7.2。

通过对以上计算结果分析比较可以得出：

（1）旧规范版 PKPM 计算的周期比为 0.87 < 0.9，满足规范要求，新规范版 PKPM 计算的周期比为 0.95 > 0.9，不满足规范要求。

表 2.7.2　框架结构周期、地震力及顶点水平位移计算结果

计算结果 ＼ 计算方法	新规范版 PKPM	旧规范版 PKPM	简化手算
X 方向基本周期/s	1.6587	1.52	1.46
Y 方向基本周期/s	1.8251	1.654	1.633
扭转周期/s	1.7324	1.43	—
X 方向风荷载下顶点水平位移/mm	11.8	9.99	10.1
Y 方向风荷载下顶点水平位移/mm	27.1	22.3	25.7
X 方向风荷载下最大层间位移角	1/2813	1/2801	—
Y 方向风荷载下最大层间位移角	1/1251	1/1236	1/1479
X 方向地震作用下基底剪力/kN	5386	3436	3686
X 方向地震作用下倾覆弯矩/kN·m	166223	111467	132367
Y 方向地震作用下基底剪力/kN	4933	3157	3336
Y 方向地震作用下倾覆弯矩/kN·m	151836	102879	120431
X 方向地震作用下顶点水平位移/mm	28.6	16.85	15.2
Y 方向地震作用下顶点水平位移/mm	31.8	18.54	20.4
X 方向地震作用下最大层间位移角	1/1217	1/1921	—
Y 方向地震作用下最大层间位移角	1/1115	1/1601	—

（2）风荷载作用下顶点水平位移、层间位移角三种计算方法结果比较接近，地震作用下顶点水平位移、层间位移角、基底剪力和倾覆弯矩三种方法计算结果相差较大。

（3）总的来说，在考虑地震作用下，新规范版 PKPM 计算结果更偏于安全。

2.8　框架结构方案评议及优化建议

1. 结构方案评价

（1）第三层刚度比不满足规范要求，形成薄弱层。

（2）柱截面在同一楼层取值相同，第二振型为扭转，周期比超限，若不调整，就属于超限结构，需进行超限审查。

（3）最大层间位移角 1/1217，规范要求为 1/550，结构偏刚。

2. 优化建议

（1）调整柱截面，增大框架角柱及最外侧边框柱的截面，减小内框柱截面，调整后第二振型为平动，第三振型为扭转，结果比较理想（详见周期比一节内容）。

（2）按楼层逐级减小柱截面，柱截面由最低层 1000×1000 变截面到顶层的 600×600。

2.9　梁柱配筋分析

经过多次 SATWE 循环计算以后，最终计算的输出文件各项参数基本符合规范要求，就可以进入到 PKPM 软件中"墙梁柱施工图"菜单项，完成后续梁和柱配筋施工图设计。柱在实配钢筋后，进行双偏压校核，对校核未通过的柱，需进行调整后满足要求。下面给出底层框架梁柱局部配筋平面，如图 2.9.1 所示。

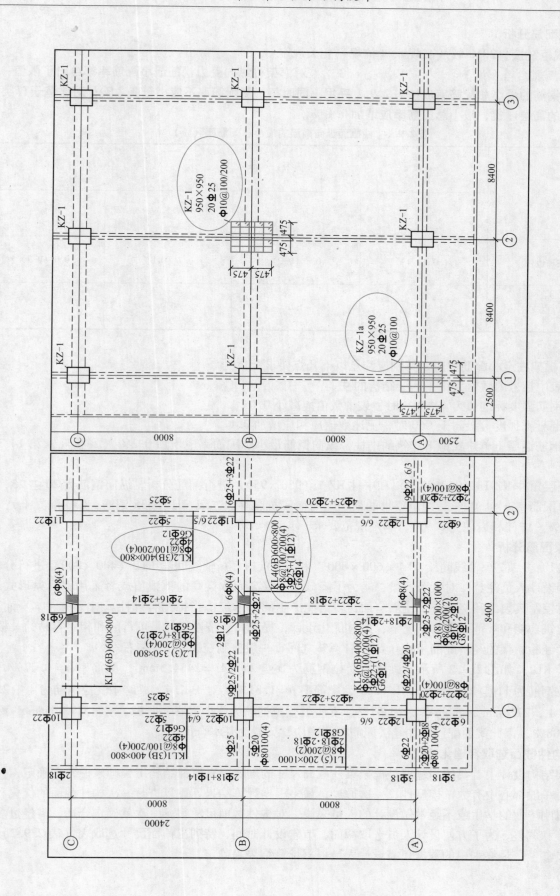

图 2.9.1　框架结构底部梁柱局部配筋图

1. 柱配筋分析

【新规范链接】2010 版《高规》、《抗规》相关规定：

▶《高规》第 6.4.3 条，《抗规》第 6.3.7 条对框架柱纵向受力钢筋最小配筋率都给出了限值：柱纵向受力钢筋的最小总配筋率应按表 2.9.1 采用，同时每一侧配筋率不应小于 0.2%；对建造于Ⅳ类场地且较高的高层建筑，最小总配筋率应增加 0.1%。

表 2.9.1　柱截面纵向钢筋的最小总配筋率（%）

类　别	抗　震　等　级			
	一	二	三	四
中柱和边柱	1.0 (1.1)	0.8 (0.9)	0.7 (0.8)	0.6 (0.7)
角柱、框支柱	1.2	1.0	0.9	0.8

校核框架柱最小配筋率时，特别应注意以下几点要求：

1）表中括号内数值为用于框架结构的柱。

2）钢筋强度标准值为 400MPa 时，表中数值应减小 0.05。

3）混凝土强度等级高于 C60 时，上述数值应相应增加 0.1。

4）钢筋混凝土单建式地下建筑的中柱，纵向钢筋最小总配筋率应增加 0.2%（《抗规》第 14.3.1 条）。

取底层角柱 KZ-1a（950×950）和中柱 KZ-1（950×950）进行配筋分析，纵向钢筋为 20ϕ25，纵向钢筋总配筋率 $\rho = 1.09\%$，规范要求的最小配筋率（抗震等级二级，HRB335 钢筋，C30 混凝土）：角柱为 1.0%，中柱和边柱为 0.9%，满足规范要求。

2. 梁配筋分析

取（1）~（2）轴线间梁 KL4（600×800）和（B）、（C）轴线间梁 KL2（400×800）进行分析。在此提醒设计人员注意，对大跨度梁，当为了降低建筑层高而取梁高的下线值或者采用宽扁梁形式时，除需注意控制其裂缝和挠度外，还需全面比较由此产生的技术经济指标的合理性。对于构件本身而言，在满足建筑功能和规范要求的情况下，通过优化设计，提高其经济性指标是可行的和相对容易的。根据工程设计经验，梁的经济配筋率在 0.6%~1.5% 之间，一般控制控制在 1% 左右。

对于 KL2，如图 2.9.2 所示，梁跨中受拉钢筋为 5ϕ25，$A_s = 2454.5 \text{mm}^2$，配筋率 $\rho = 0.77\%$，支座处受拉钢筋为 11ϕ22，$A_s = 4181.1 \text{mm}^2$，配筋率 $\rho = 1.31\%$，对于 KL4，梁跨中受拉钢筋为 4ϕ25 + 2ϕ22，$A_s = 2724 \text{mm}^2$，配筋率 $\rho = 0.57\%$，支座处受拉钢筋为 9ϕ25 + 2ϕ22，$A_s = 5178.1 \text{mm}^2$，配筋率 $\rho = 1.08\%$，因此梁的配筋率在经济配筋率范围内，梁截面基本合适。

3. 构件截面选取合理化建议

框架结构设计中首要的问题就是框架梁柱截面尺寸的确定，对资深结构工程师来说，在确定构件截面尺寸时一般都心中有数，模型计算一次通过，最多根据计算结果，重复进行一次构件截面的优化和调整。而对刚毕业的学生或不经常做设计的人员来说，对构件截面尺寸很难一次就确定合适，需经过多次反复试算和调整，为了方便设计人员选取截面，节省设计时间，特列出截面尺寸选取表（表 2.9.2）供设计人员参考，最终采用的数据还需设计人员根据计算结果来确定。

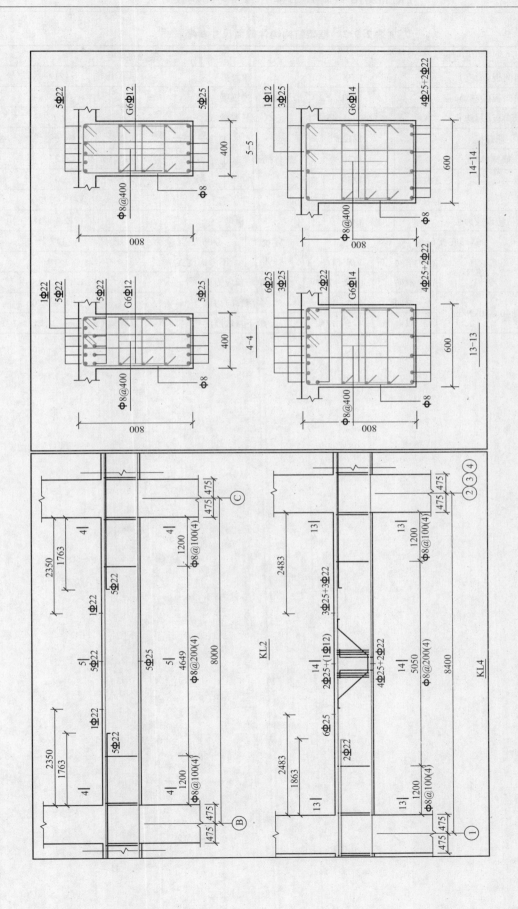

图 2.9.2　梁局部配筋图详图

表 2. 9. 2　框架结构构件截面尺寸参考表[20]

板厚度 h/l			梁截面高度				
单向板（简支）		1/35	单跨梁		1/12		
单向板（连续）		1/40	连续梁		1/15		
双向板（短跨）		1/40 ~ 1/45	悬臂梁		1/6		
悬臂板		1/12		支撑情况	连续	简支	悬臂
楼梯梯板		1/30	整体肋形梁	主梁	1/15	1/12	1/6
无梁楼盖	无柱帽	1/30		次梁	1/25	1/20	1/8
（短跨）	有柱帽	1/35	井字梁		1/15 ~ 1/20		
无粘结预应力板		1/40	扁梁		1/12 ~ 1/18		
基础底板 h/Lc			框支梁	考虑抗震	1/7		
平均地基反力	15 ~ 20kN/m²	单向	1/8 ~ 1/6	$b \geqslant 400$	不考虑抗震	1/10		
		双向	1/12 ~ 1/9	单跨预应力梁		1/12 ~ 1/18	
	40 ~ 50kN/m²	单向	1/4 ~ 1/3	多跨预应力梁		1/18 ~ 1/20	
		双向	1/5 ~ 1/4	地下室墙厚度		外墙 $t \geqslant 250mm$，内墙 $t \geqslant 200mm$	

第3章 框架-剪力墙结构设计

由框架和剪力墙共同承受竖向和水平作用的结构称作框架-剪力墙结构。框架-剪力墙结构既有框架结构布置灵活、延性好的特点，也有剪力墙结构刚度大、承载力大的特点，是一种比较好的抗侧力体系，广泛应用于高层建筑，其最大适用高度远远大于框架结构，与剪力墙结构基本一致。框架-剪力墙结构应设计成双向抗侧力体系，抗震设计时，结构两主轴方向均应布置剪力墙。设计框架-剪力墙结构的重点在于如何合理地布置剪力墙，包括剪力墙的数量和位置决定了结构体系的刚度和侧向变形。如果剪力墙布置的数量较多，结构的刚度就较大，侧向变形较小，从抗震角度看，剪力墙以多设为好。但在实际工程中，由于建筑功能的要求，一般很难布置较多的剪力墙，而且从经济方面考虑则剪力墙数量以少为好。通常依据设计条件（抗震设防烈度、抗震等级、场地类别等），通过计算，如结构能满足位移限值，并取得较理想的自振周期和合理的底部剪力值，则所设置的剪力墙数量合适，否则就应重新调整剪力墙的布置。规范根据在规定的水平力作用下结构底层框架部分承受的地震倾覆力矩与结构总地震倾覆力矩的比值，把框架-剪力墙结构分为多剪力墙、适宜剪力墙、少剪力墙和极少剪力墙四种类型，每种类型对应不同的设计方法。

3.1 框架-剪力墙结构设计要点

1. 剪力墙的布置原则

剪力墙的布置在满足建筑功能要求的前提下，尽可能符合下列规定：

（1）剪力墙宜均匀布置在建筑物的周边附近、楼梯间、电梯间、平面形状变化及恒载较大的部位，剪力墙间距不宜过大。

（2）平面形状凹凸较大时，宜在凸出部分的端部附近布置剪力墙。

（3）纵、横剪力墙宜组成 L 形、T 形和 〔 形等形式。

（4）单片剪力墙底部承担的水平剪力不应超过结构底部总水平剪力的 30%。

（5）剪力墙宜贯通建筑物的全高，宜避免刚度出现突变；剪力墙开洞时，洞口宜上下对齐。

（6）楼、电梯间等竖井宜尽量与靠近的抗侧力结构结合布置。

（7）抗震设计时，剪力墙的布置宜使结构各主轴方向的侧向刚度接近。

2. 一般规定

（1）框架-剪力墙结构最大适用高度、抗震等级和最大高宽比的确定见表 3.1.1（《抗规》表 6.1.1 和表 6.1.2）。

表 3.1.1 框架-剪力墙结构最大高度、抗震等级和最大高宽比

设防烈度		6		7			8(0.2g)			8(0.3g)		9	
最大适用高度/m		130[150]		120			100			80			50	
抗震等级	高度/m	≤60	>60	≤24	25~60	>60	≤24	25~60	>60	≤24	25~60	>60	≤24	25~50
	框架	四	三	四	三	二	三	二	一	三	二	一	二	一
	剪力墙	三		三			二			二			一	
最大高宽比		6[7]		6			5						4	
说明		1. 建筑场地为 I 类时，除 6 度外应允许按表内降低一度所对应的抗震等级采取抗震构造措施，但相应的计算要求不应降低； 2. [ ] 内数字用于非抗震设计。												

（2）框架-剪力墙结构伸缩缝、沉降缝和防震缝宽度规定。规范规定框架-剪力墙结构伸缩缝的间距可根据结构的具体布置情况取 45～55m 之间的数值，防震缝宽度见表 3.1.2。

表 3.1.2　框架-剪力墙结构防震缝宽度

设防烈度	6		7		8		9	
房屋高度 H/m	≤15	>15	≤15	>15	≤15	>15	≤15	>15
防震缝宽度/mm	≥100	≥(100+4×h)×0.7	≥100	≥(100+5×h)×0.7	≥100	≥(100+7×h)×0.7	≥100	≥(100+10×h)×0.7
说明	1. 防震缝两侧结构类型不同时，宜按需要较宽防震缝的结构类型和较低房屋高度确定缝宽。 2. 抗震设计时，伸缩缝、沉降缝的宽度应满足防震缝的要求。 3. 表中 $h = H - 15$。 4. 防震缝宽度均不宜小于100mm。							

（3）框架-剪力墙结构中剪力墙厚度的确定。首次建模时，剪力墙的厚度可按照表 3.1.3 给出的数据初步确定一个数，然后通过计算后再进行调整，这样可以节省设计人员的时间，提高工作效率。

表 3.1.3　框剪结构剪力墙厚度初步估计　　　　　　（单位：mm）

抗震等级＼层数	10	15	20	25	30	35	40
6 度	250	250	250	300	300	350	400
7 度	250	250	300	350	400	450	500
8 度	300	300	350	400	450	500	550

3.2　框架-剪力墙结构设计经典范例

某一 24 层现浇钢筋混凝土框架-剪力墙结构，平面如图 3.2.1 所示。该工程为一底部 3 层商业区、上部 1 层设备夹层、20 层客房的高层酒店，下设 1 层地下室。地处 7 度抗震设防区域，场地为 Ⅱ 类，地震分组第一组，基本风压为 0.45kN/m²，地面粗糙度为 C 类，丙类建筑，总高度 81.2m。

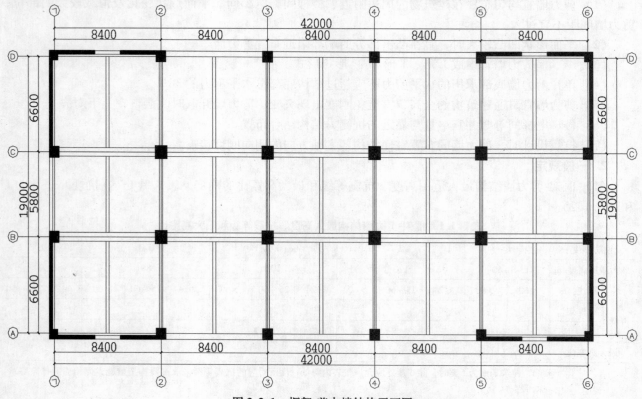

图 3.2.1　框架-剪力墙结构平面图

1. 设计基本条件

（1）建筑结构安全等级：二级

（2）结构重要性系数：1.0

（3）环境类别：地面以上为一类，地面以下为二 a 类

（4）风荷载

基本风压：0.45kN/m²

地面粗糙度：C 类

（5）地震参数

抗震设防烈度：7 度

设计基本地震加速度：0.1g

地震分组：第一组

建筑场地类别：Ⅱ类

特征周期 T_g（秒）：0.35s

抗震设防类别：标准设防类（丙类）

剪力墙抗震等级：二级

框架抗震等级：二级（先按框架-剪力墙确定，计算后，依据倾覆力矩比值修改）

2. 主要结构材料

各层梁、板、柱采用的混凝土强度等级和钢筋牌号见表 3.2.1，为了同原范例进行比较，取与范例一致的材料。

表 3.2.1　混凝土强度等级和钢筋牌号

构件名称		柱		墙		梁		板	
		纵筋	箍筋	受力钢筋	分布钢筋	纵筋	箍筋	受力钢筋	分布钢筋
钢筋牌号		HRB335	HPB235	HRB335	HPB235	HRB335	HPB235	HRB335	HPB235
混凝土强度等级	1~12 层	C40		C40		C30		C30	
	13~24 层	C30		C30		C30		C30	

3. 设计荷载取值

（1）屋面恒载、活荷载取值：

板厚 100mm	2.5kN/m²
屋面保温防水	2.6kN/m²
吊顶（管道）或板底粉刷	0.4kN/m²
总计	5.5kN/m²
活荷载（上人屋面）	2.0kN/m²

（2）1~3 层商业楼面恒载、活荷载取值：

楼板 120mm 厚	3.0kN/m²
粉面底（包括吊顶管道）	1.0kN/m²
室内轻质隔墙折为均布（未计外墙）	1.0kN/m²
总计	5.0kN/m²
活荷载	3.5kN/m²

（3）4 层设备层楼面板恒载、活荷载取值：

板厚 100mm	2.5kN/m²
粉面底（包括吊顶管道）	0.4kN/m²
管道支座折为均布	1.0kN/m²
总计	3.9kN/m²
活荷载（上人屋面）	2.5kN/m²

（4）5～24 层客房楼面恒载、活荷载取值：

楼板 100mm 厚	2.5kN/m²
楼面底（包括吊顶管道）	1.0kN/m²
室内轻质隔墙折为均布（未计外墙）	2.0kN/m²
总计	5.5kN/m²
活荷载	2.0kN/m²

（5）四周外围墙（200mm 加气混凝土，容重 13kN/m²）

2～3 层商业部分外墙重	13.5kN/m
4 层设备层、5～24 层客房部分外墙重	8.0kN/m

3.3　结构模型的建立和荷载输入

通过 PMCAD，输入结构计算模型如图 3.3.1 所示，梁板柱截面见表 3.3.1，荷载如图 3.3.2～图 3.3.3 所示。

表 3.3.1　框架-剪力墙模型参数　　　　　　　　　　　　（单位：mm）

自然层	标准层	层高	中柱	边柱	角柱	剪力墙	混凝土强度等级
1	1	6000	950×950	850×850	750×750	300	C40
2	2	5000	950×950	850×850	750×750	300	C40
3	3	5000	950×950	850×850	650×650	300	C40
4	4	2200	900×900	750×750	650×650	250	C40
5～8	5	3150	900×900	750×750	650×650	250	C40
9～12	6	3150	800×800	700×700	600×600	250	C40
13～15	7	3150	800×800	700×700	600×600	200	C30
16～23	8	3150	700×700	600×600	550×550	200	C30
24	9	3150	700×700	600×600	550×550	200	C30

表 3.3.1 续　框架-剪力墙模型参数　　　　　　　　　　（单位：mm）

自然层	标准层	层高	纵向内框梁	纵向边框梁	横向梁	板厚	混凝土强度等级
1	1	6000	800×500	600×500	300×500	120	C30
2	2	5000	800×500	600×500	300×500	120	C30
3	3	5000	800×500	600×500	300×500	120	C30
4	4	2200	600×500	400×500	250×500	100	C30
5～8	5	3150	600×500	400×500	250×500	100	C30
9～12	6	3150	600×500	400×500	250×500	100	C30
13～15	7	3150	600×500	400×500	250×500	100	C30
16～23	8	3150	600×500	400×500	250×500	100	C30
24	9	3150	600×500	400×500	250×500	100	C30

图 3.3.1　框架-剪力墙结构模型图

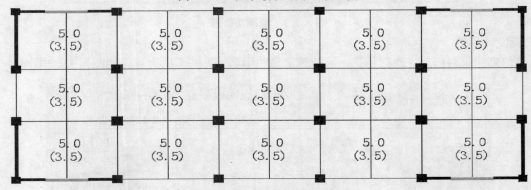

图 3.3.2　商业部分楼面荷载平面图

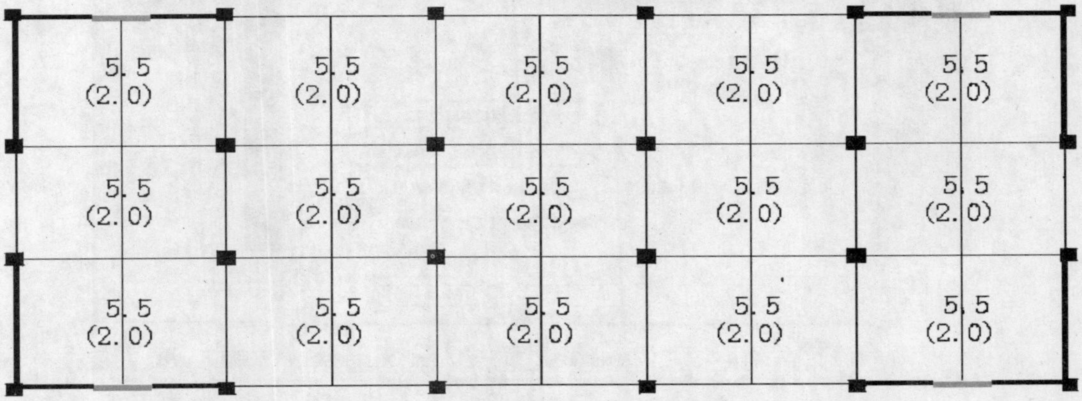

图 3.3.3　客房部分楼面荷载平面图

3.4 设计参数选取

1. 本层信息中参数的确定

对于每一个标准层，在本层信息中可以确定板的厚度、钢筋类别、强度等级及层高等，如图 3.4.1 所示。

图 3.4.1 标准层信息

2. 建模设计参数

包括总信息、材料信息、地震信息、风荷载信息和钢筋信息共五项内容，如图 3.4.2～图 3.4.5 所示。

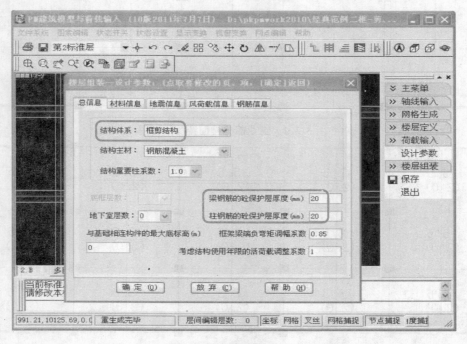

图 3.4.2 建模总信息

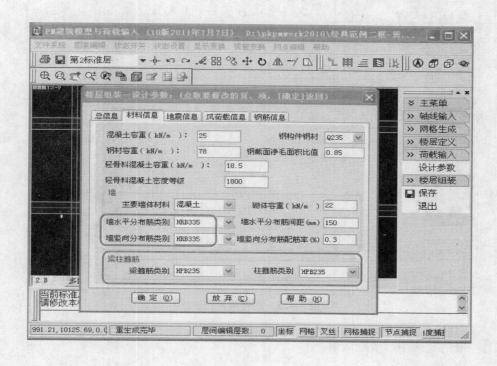

图 3.4.3　建模材料信息

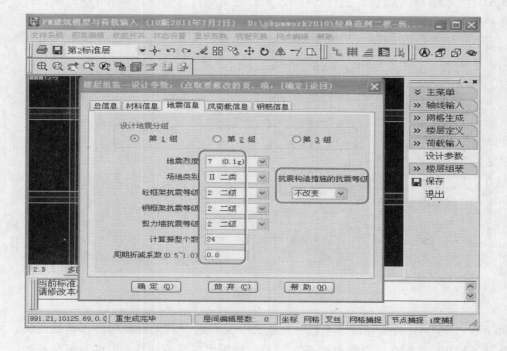

图 3.4.4　建模地震信息

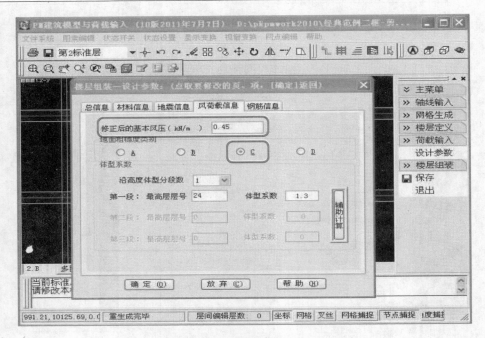

图 3.4.5　建模风荷载信息

钢筋信息一般情况采用模块默认值。

3.5　SATWE 结构内力和配筋计算

1. SATWE 计算参数的确定

接 PMCAD 生成 SATWE 数据，执行 SATWE 前处理菜单，其中第 1 和第 6 项必须执行，参数取值及说明详见第 1 章有关内容。页面显示见图 3.5.1 ~ 图 3.5.6。

图 3.5.1　总信息

完成第 1 项"SATWE 分析与设计参数补充定义"菜单后，若无特殊构件和荷载定义，可直接执行第 6 项"生成 SATWE 数据文件及数据检查"菜单，然后生成后续计算必需的数据文件。

2. SATWE 结构内力和配筋计算

执行 SATWE 主菜单第 2 项"结构内力和配筋计算"后弹出如图 3.5.7 所示页面，按第 1 章要求进行参数选择后，直接按"确认"进行 SATWE 配筋计算。

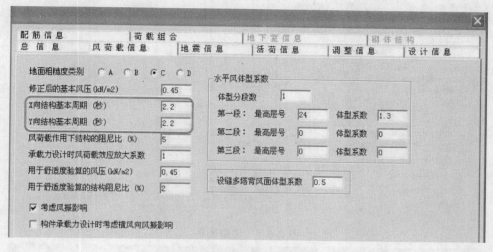

图 3.5.2　风荷载信息

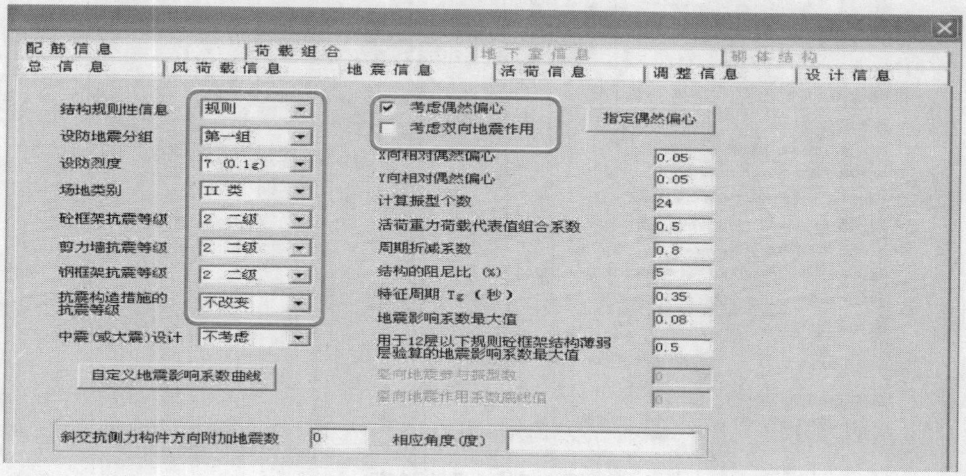

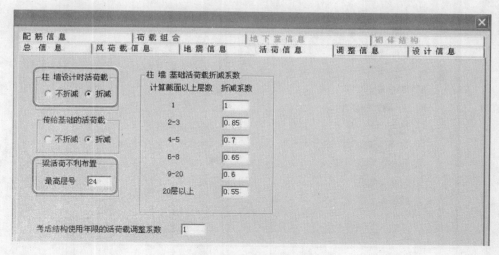

图 3.5.3　地震信息

图 3.5.4　活荷信息

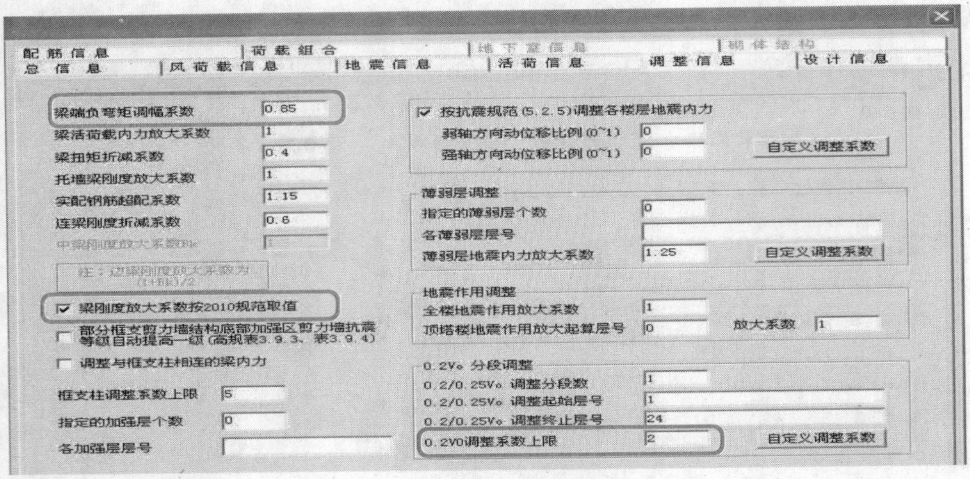

图 3.5.5　调整信息

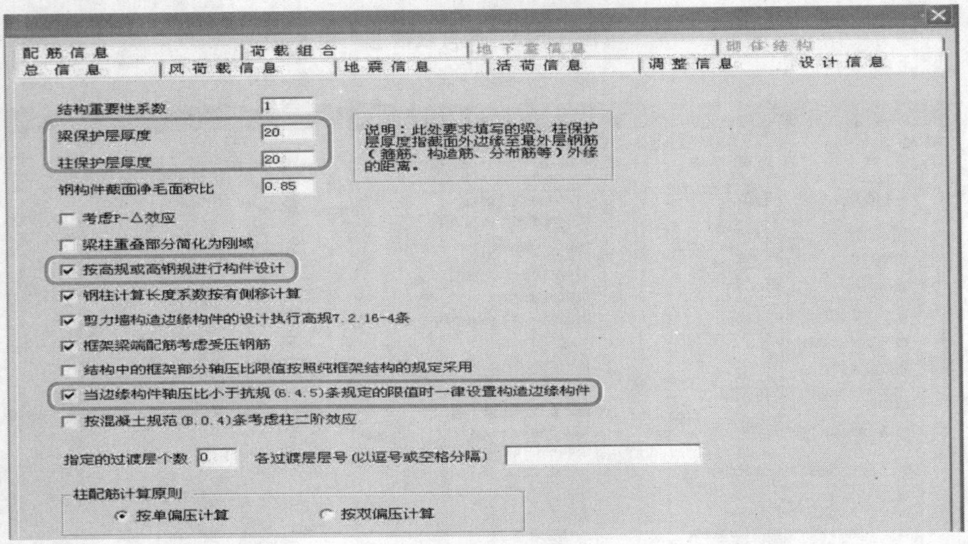

图 3.5.6　设计信息

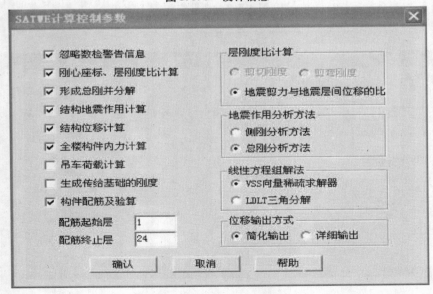

图 3.5.7　SATWE 计算控制参数

3.6 结构计算结果的分析对比

执行 SATWE 第四项菜单"分析结果图形和文本显示",计算结果包括图形输出和文本输出两部分,如图 3.6.1 所示。对框架-剪力墙结构来说,设计人员需重点查看 2、9、13、15、16、17 项菜单的内容。文本输出文件共 12 项,需重点查看第 1、2、3、9、10 项菜单的内容,其中第 9 项菜单是专门针对框架-剪力墙结构体系的,其计算结果将决定框架-剪力墙不同的设计方法,非常重要。

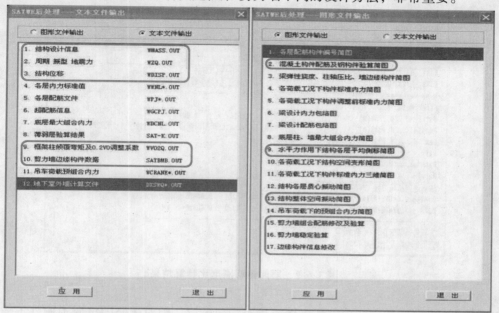

图 3.6.1 计算结果图形和文本菜单

3.6.1 文本文件输出内容

1. 建筑结构的总信息(WMASS. OUT)

在总信息文件中需重点关注层刚度比、刚重比、楼层受剪承载力计算结果。

(1)层刚度比计算结果,见图 3.6.2。

【新规范链接】2010 版《高规》第 3.5.2 条,第 3.5.8 条相关规定。

▶第 3.5.2 条 抗震设计时,高层建筑相邻楼层的侧向刚度变化应符合下列规定:

对框架-剪力墙、板柱-剪力墙结构、剪力墙结构、框架核心筒结构、筒中筒结构,本层与相邻上层的比值不宜小于 0.9;当本层层高大于相邻上层层高的 1.5 倍时,该比值不宜小于 1.1;对结构底部嵌固层,该比值不宜小于 1.5。

▶第 3.5.8 条 刚度变化不符合第 3.5.2 条要求的楼层,其对应于地震作用标准值的剪力应乘以 1.25 的增大系数。

【分析】从图 3.6.2 可以看出,由于该框架结构第 3 层 X 方向刚度比不满足规范要求,SATWE 程序自动将该楼层定义为薄弱层,并按《高规》第 3.5.8 条要求对该层地震作用标准值的地震剪力乘以 1.25 的增大系数。需要提醒设计人员注意的是:

1)《抗规》第 3.4.4 条规定,竖向不规则的建筑结构,其薄弱层的地震剪力应乘以不小于 1.15 的增大系数。

2)《高规》第 3.5.8 条规定,不符合《高规》第 3.5.2,第 3.5.3 和第 3.5.4 条要求的楼层,其对应于地震作用标准值的剪力应乘以 1.25 的增大系数。

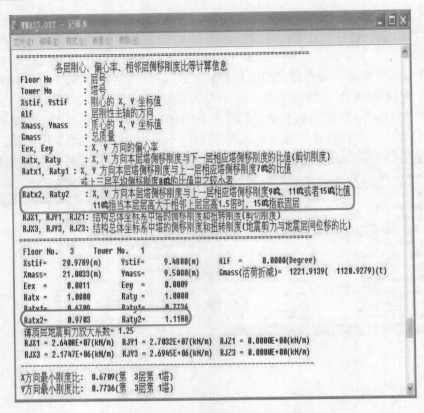

图 3.6.2　层间侧移刚度比计算结果

3）程序根据上下楼层的刚度比判断该楼层是否为薄弱层，但对于竖向抗侧力构件不连续、楼层受剪承载力小于上层 80% 等情况没有自动判断，需要设计人员输入薄弱层楼层号。程序考虑设计人员输入的薄弱层楼层号，并对薄弱层构件的地震作用内力按照用户在参数中定义的增大系数进行放大。

4）程序默认薄弱层剪力放大系数区取 1.25。

（2）刚重比和楼层受剪承载力计算结果，见图 3.6.3。

【新规范链接】2010 版《高规》第 5.4.1 和 5.4.4 条关于刚重比，第 3.5.3 条关于楼层受剪承载力规定：

▶第 5.4.1 条　当高层框架-剪力墙结构满足下列规定时，弹性计算分析时可不考虑重力二阶效应的不利影响。

$$EJ_d \geqslant 2.7H^2 \sum_{i=1}^{n} G_j$$

▶第 5.4.4 条　**高层框架-剪力墙结构的整体稳定性应符合下列规定：**

$$EJ_d \geqslant 1.4H^2 \sum_{i=1}^{n} G_j$$

▶第 3.5.3 条　A 级高度高层建筑的楼层抗侧力结构的层间受剪承载力不宜小于其相邻上一层受剪承载力的 80%，不应小于其相邻上一层受剪承载力的 65%；B 级高度高层建筑的楼层抗侧力结构的层间受剪承载力不应小于其相邻上一层受剪承载力的 75%。

【分析】该框架-剪力墙结构刚重比满足规范要求，能够通过《高规》的整体稳定验算，可以不考虑重力二阶效应。第 3 层 X 和 Y 方向最小楼层抗剪承载力之比为 0.61，不满足《高规》3.5.3 条规定。依据《高规》第 3.5.7 条规定，如果高层建筑结构同一楼层的刚度和承载力变化均不规则，该层极有可能同时是软弱层和薄弱层，对抗震十分不利，因此应尽量避免，不宜采用。应对结构进行调整。

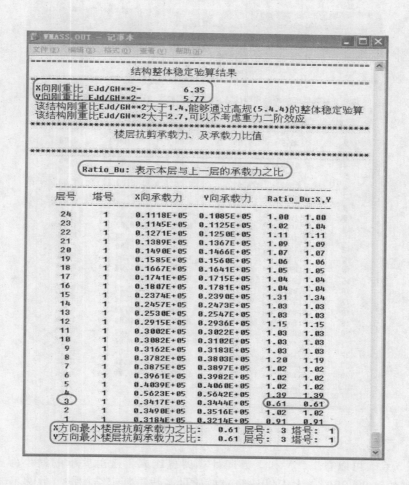

图 3.6.3 刚重比和楼层受剪承载力计算结果

2. 周期、地震力与振型输出文件（WZQ.OUT）

（1）周期比计算结果，见图 3.6.4。

【新规范链接】2010 版《高规》相关规定：

▶第 3.4.5 条 结构扭转为主的第一自振周期 T_t 与平动为主的第一自振周期 T_1 之比，A 级高度高层建筑不应大于 0.9，B 级高度高层建筑、超过 A 级高度的混合结构及本规程第 10 章所指的复杂高层建筑不应大于 0.85。

【分析】判断平动周期和扭转周期一般情况下，主要看前三个振型就可以判断。本工程第一、二振型为平动（平动系数为 1.00），第三振型为扭转（扭转系数为 1.00），周期比为 1.3442/2.2194 = 0.6 < 0.9，满足规范要求。

（2）X、Y 方向的剪重比，有效质量系数计算结果，见图 3.6.5。

【新规范链接】2010 版《高规》、《抗规》相关规定：

▶《抗规》第 5.2.5 条 和《高规》第 4.3.12 条 抗震验算时，结构各楼层对应于地震作用标准值的剪力应符合下式：

$$V_{EKi} \geqslant \lambda \sum_{j=i}^{n} G_j \quad (\lambda \text{ 取值见《高规》表 4.3.12})$$

▶《抗规》第 5.2.2 条文说明和《高规》第 4.3.10 条文说明，"振型个数一般可取振型参与质量达到总质量的 90% 所需的振型数"。

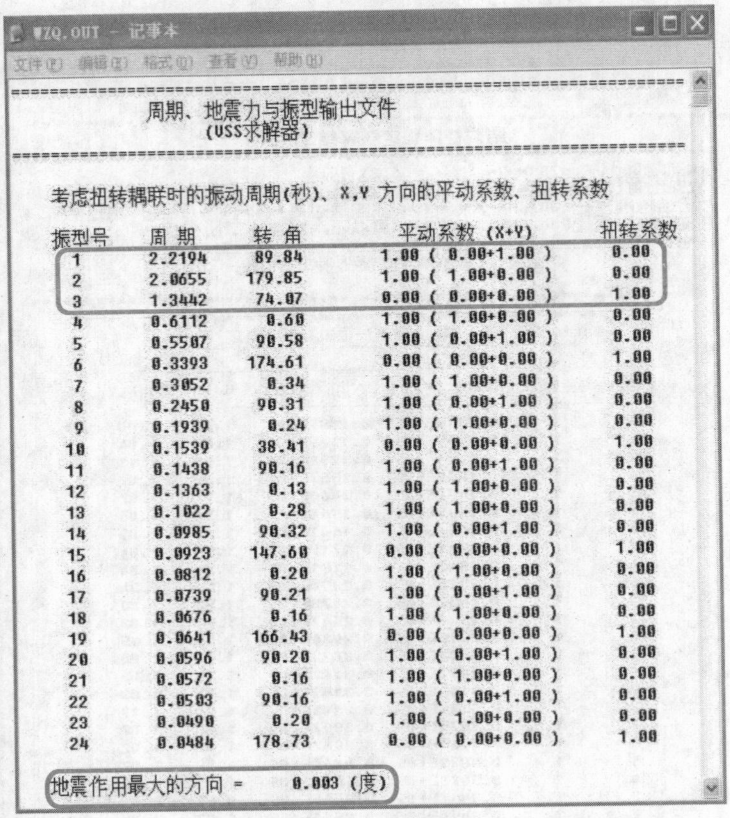

WZQ.OUT - 记事本

文件(F) 编辑(E) 格式(O) 查看(V) 帮助(H)

周期、地震力与振型输出文件
(VSS求解器)

考虑扭转耦联时的振动周期(秒)、X,Y 方向的平动系数、扭转系数

振型号	周 期	转 角	平动系数 (X+Y)	扭转系数
1	2.2194	89.84	1.00 (0.00+1.00)	0.00
2	2.0655	179.85	1.00 (1.00+0.00)	0.00
3	1.3442	74.07	0.00 (0.00+0.00)	1.00
4	0.6112	0.60	1.00 (1.00+0.00)	0.00
5	0.5507	90.58	1.00 (0.00+1.00)	0.00
6	0.3393	174.61	0.00 (0.00+0.00)	1.00
7	0.3052	0.34	1.00 (1.00+0.00)	0.00
8	0.2450	90.31	1.00 (0.00+1.00)	0.00
9	0.1939	0.24	1.00 (1.00+0.00)	0.00
10	0.1539	38.41	0.00 (0.00+0.00)	1.00
11	0.1438	90.16	1.00 (0.00+1.00)	0.00
12	0.1363	0.13	1.00 (1.00+0.00)	0.00
13	0.1022	0.28	1.00 (1.00+0.00)	0.00
14	0.0985	90.32	1.00 (0.00+1.00)	0.00
15	0.0923	147.60	0.00 (0.00+0.00)	1.00
16	0.0812	0.20	1.00 (1.00+0.00)	0.00
17	0.0739	90.21	1.00 (0.00+1.00)	0.00
18	0.0676	0.16	1.00 (1.00+0.00)	0.00
19	0.0641	166.43	0.00 (0.00+0.00)	1.00
20	0.0596	90.20	1.00 (0.00+1.00)	0.00
21	0.0572	0.16	1.00 (1.00+0.00)	0.00
22	0.0503	90.16	1.00 (0.00+1.00)	0.00
23	0.0490	0.20	1.00 (1.00+0.00)	0.00
24	0.0484	178.73	0.00 (0.00+0.00)	1.00

地震作用最大的方向 = 0.003 (度)

图 3.6.4　周期计算结果

【分析】从图 3.6.5 可以看出，*X* 和 *Y* 方向计算剪重比大于规范要求的最小剪重比 1.6%，有效质量系数分别为 99.6% 和 99.28%，大于 90%。有效质量系数是判定结构振型数够不够的重要指标，也是地震作用够不够的重要指标。当有效质量系数大于 90% 时，表示振型数、地震作用满足规范要求，反之应增加计算的振型数。

3. SATWE 位移输出文件（WDISP. OUT）

扭转位移比和层间位移角计算结果见图 3.6.6。

【新规范链接】2010 版《高规》、《抗规》相关规定

▶《高规》第 3.4.5 条　在考虑偶然偏心影响的规定水平地震力作用下，楼层竖向构件最大的水平位移和层间位移，A 级高度高层建筑不宜大于该楼层平均值的 1.2 倍，不应大于该楼层平均值的 1.5 倍；B 级高度高层建筑、超过 A 级高度的混合结构及本规程第 10 章所指的复杂高层建筑不宜大于该楼层平均值的 1.2 倍，不应大于该楼层平均值的 1.4 倍。

▶《高规》第 3.7.3 条、《抗规》第 5.5.1 条　框架-剪力墙弹性层间位移角限值：

$$[\boldsymbol{\theta}_e] = \Delta u/h \leq 1/800$$

【分析】从上图中可以看出，该框剪结构在考虑偶然偏心影响的规定水平地震力作用下（工况 12、13、15、16），*X* 向位移比为 1.02 < 1.2，*Y* 向位移比为 1.08 < 1.2；在地震作用下（工况 1、4），最大层间位移角为 1/1753 < 1/800；在风荷载作用下（工况 7、8），最大层间位移角为 1/2225 < 1/800，因此位移比和位移角满足规范要求。

4. 楼层地震作用调整信息（WV02Q. OUT）

对框架-剪力墙结构，框架或短肢墙所承担的地震作用信息是很重要的设计参数和指标，该文件中的结果包括规定水平力下的倾覆力矩信息，并通过各振型下构件内力进行 CQC 得到的结果给出剪力统计和调整信息。

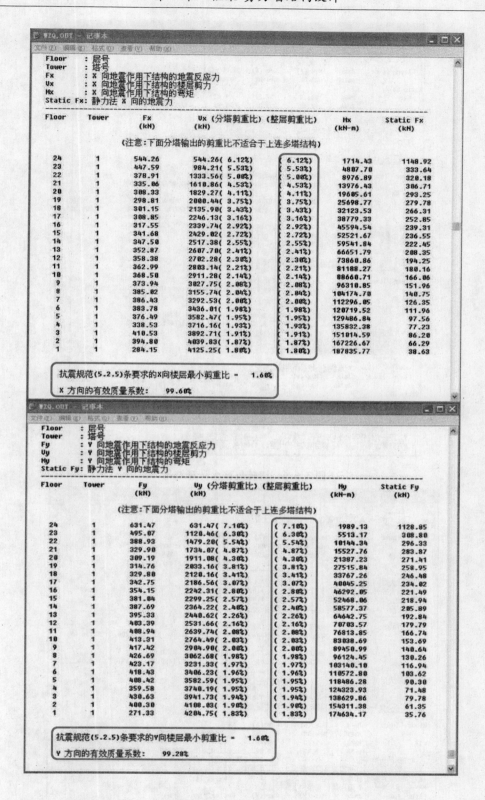

图 3.6.5　剪重比计算结果

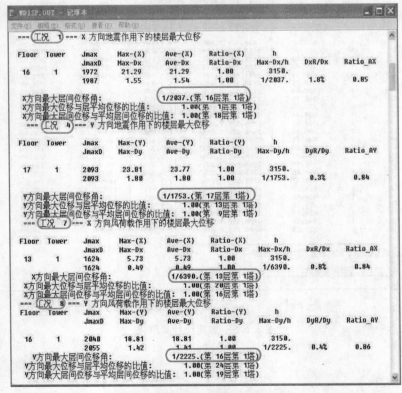

图 3.6.6　扭转位移比计算结果

图 3.6.7　层间位移角计算结果

【新规范链接】2010 版《高规》第 8.1.3 和第 8.1.4 条相关规定：

▶《高规》第 8.1.3 条 抗震设计的框架-剪力墙结构，应根据在规定的水平力作用下结构底层框架部分承受的地震倾覆力矩与结构总地震倾覆力矩的比值，确定相应的设计方法，并应符合下列规定：

（1）框架部分承受的地震倾覆力矩不大于结构总地震倾覆力矩的 10% 时，按剪力墙结构进行设计，其中的框架部分应按框架-剪力墙结构的框架进行设计。

（2）当框架部分承受的地震倾覆力矩大于结构总地震倾覆力矩的 10% 但不大于 50% 时，按框架-剪力墙结构进行设计。

（3）当框架部分承受的地震倾覆力矩大于结构总地震倾覆力矩的 50% 但不大于 80% 时，按框架-剪力墙结构进行设计，其最大适用高度可比框架结构适当增加，框架部分的抗震等级和轴压比限值宜按框架结构的规定采用。

（4）当框架部分承受的地震倾覆力矩大于结构总地震倾覆力矩的 80% 时，按框架-剪力墙结构进行设计，但其最大适用高度宜按框架结构采用，框架部分的抗震等级和轴压比限值应按框架结构的规定采用。当结构的层间位移角不满足框架-剪力墙结构的规定时，可按《高规》第 3.11 节的有关规定进行结构抗震性能分析和论证。

▶《高规》第 8.1.4 条 抗震设计时，框架-剪力墙结构对应于地震作用标准值的各层框架总剪力应符合下列规定：

（1）满足下式要求的楼层，其框架总剪力不必调整；不满足下式要求的楼层，其框架总剪力应按 $0.2V_0$ 和 $1.5V_{f,max}$ 二者的较小值采用。

$$V_f \geqslant 0.2V_0$$

（2）各层框架所承担的地震总剪力按本条第（1）款调整后，应按调整前、后总剪力的比值调整每根框架柱和与之相连框架梁的剪力及端部弯矩标准值，框架柱的轴力标准值可不予调整；

【分析】在规定的水平力作用下，结构底层框架部分承受的地震倾覆力矩与结构总地震倾覆力矩的比值为 24.21% 和 15.98%（参见图 3.6.8），大于 10%，小于 50%，按《高规》8.1.3 条第（2）项规定，可按一般框架-剪力墙结构进行设计。

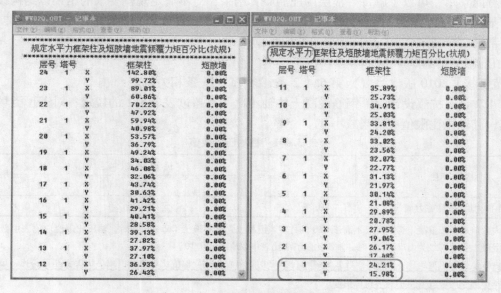

图 3.6.8 框架柱倾覆力矩百分比

【分析】如果设计人员在 SATWE 前处理的调整信息菜单中指定了调整的起始层号，并指定了调整系数的上限值，则程序根据限值对调整系数进行控制。需要注意的是，如果限值较小有可能导致调整后的框架承担的地震总剪力还是不满足规范要求。图 3.6.9 中最大调整系数 5.390，因此指定限值时应尽量填一个大的数值。设计人员也可以在 SATWE 前处理的调整信息菜单中直接选择"用户指定 $0.2V_0$ 调整系数"项，直接干预调整系数。

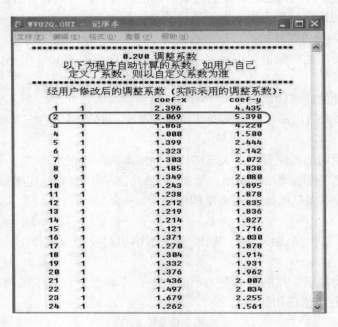

图 3.6.9　$0.2V_0$ 调整系数

3.6.2　图形文件输出内容

1. 混凝土构件配筋及钢构件验算简图

通过查看此菜单，可以了解每一楼层的配筋验算结果，对不满足规范要求的结果以结构设计人员熟知的"字符显红"方式表示出来，方便设计人员校核和调整。若对某"字符串"表达的含义不太清楚，可通过软件帮助菜单或 SATWE 用户手册来获取帮助。

（1）轴压比计算结果

【新规范链接】2010 版《高规》第 6.4.2 条，第 7.2.13 条相关规定：

▶第 6.4.2 条　抗震设计时，钢筋混凝土柱轴压比不宜超过表 3.6.1 的规定；对于Ⅳ类场地上较高的高层建筑，其轴压比限值应适当减小。

表 3.6.1　柱轴压比限值

结 构 类 型	抗 震 等 级			
	一	二	三	四
框架-剪力墙、板柱剪力墙	0.75	0.85	0.90	0.95

注：1. 表内数值适用于混凝土强度等级不高于 C60 的柱。当混凝土强度等级为 C65～C70 时，轴压比限值应比表中数值降低 0.05；当混凝土强度等级为 C75～C80 时，轴压比限值应比表中数值降低 0.10。

2. 表内数值适用于剪跨比 >2 的柱；当 1.5≤剪跨比≤2 时，其轴压比限值应比表中数值减小 0.05；当剪跨比 <1.5 时，其轴压比限值应专门研究并采取特殊构造措施。

▶第 7.2.13 条　重力荷载代表值作用下，一、二、三级剪力墙墙肢的轴压比不宜超过表 3.6.2 的限值。

表 3.6.2　剪力墙墙肢轴压比限值

抗震等级	一级(9度)	一级(6、7、8度)	二、三级
轴压比限值	0.4	0.5	0.6

▶第 7.2.14 条　一、二、三级剪力墙底层墙肢底截面的轴压比大于表 3.6.3 的规定值时，以及部分框支剪力墙结构的剪力墙，应在底部加强部位及相邻的上一层设置约束边缘构件。

表 3.6.3　剪力墙可不设约束边缘构件的最大轴压比

等级或烈度	一级(9度)	一级(6、7、8度)	二、三级
轴压比	0.1	0.2	0.3

【分析】通过对各层混凝土构件配筋及墙柱轴压比图查看，发现第四层中间两排柱轴压比超限，见图 3.6.10 中圈起来的数据（图中数据显示红色）。

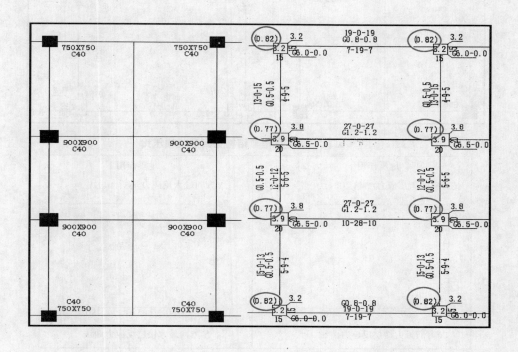

图 3.6.10　调整前框剪结构第四层柱轴压比

Uc = Nu/(Ac * fc) = 0.82 > 0.80(750 * 750 柱)（当 1.5≤剪跨比≤2 时，其轴压比限值比表中数值减小 0.05）

Uc = Nu/(Ac * fc) = 0.77 > 0.75(900 * 900 柱)（当剪跨比<1.5 时，程序内定其轴压比限值比表中数值减小 0.1）

调整的方法：通过调整第四层柱截面，边柱由原先的 750×750 调整为 850×850，中柱由原先的 900×900 调整为 950×950，调整后重新进行计算，轴压比满足要求，如图 3.6.11 所示。

2. 水平力作用下各层平均侧移简图（图 3.6.12 ~ 图 3.6.21）

通过这项菜单，设计人员可以查看在地震作用和风荷载作用下结构的变形和内力，内容包括每一层的地震力、地震引起的楼层剪力、弯矩、位移、位移角以及每一层的风荷载、风荷载作用下的楼层剪力、弯矩、位移和位移角。

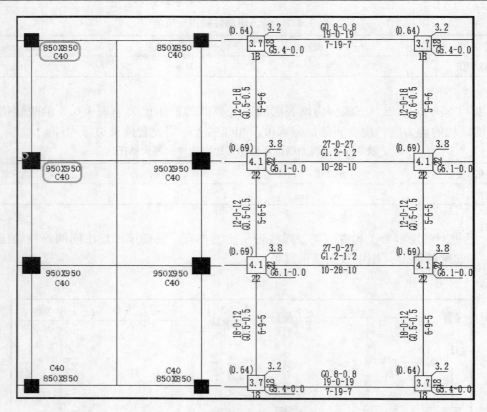

图 3.6.11　调整后框剪结构第四层柱轴压比

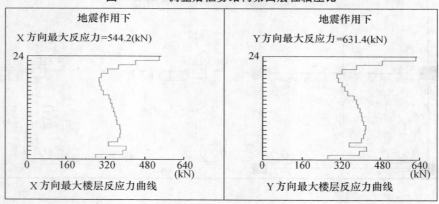

图 3.6.12　地震力

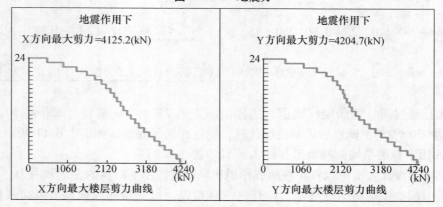

图 3.6.13　地震作用下层间剪力

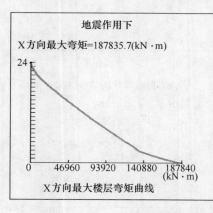
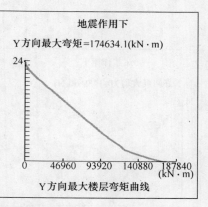

图 3.6.14　地震作用下楼层弯矩

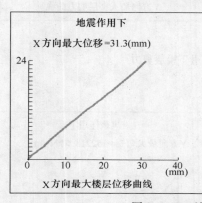
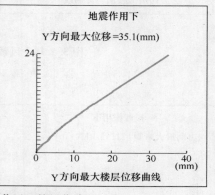

图 3.6.15　地震作用下楼层位移

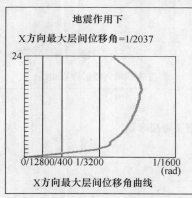
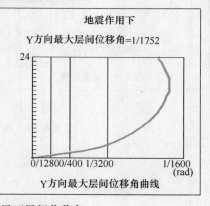

图 3.6.16　地震作用下层间位移角

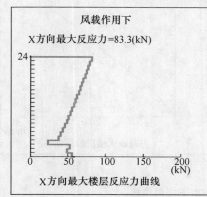
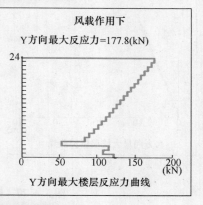

图 3.6.17　风载作用下楼层反应力

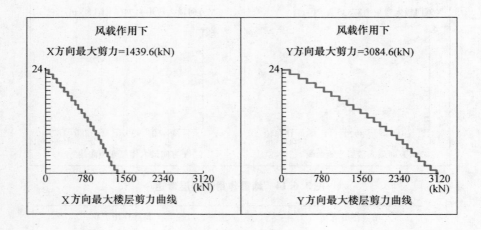

图 3.6.18 风载作用下楼层剪力

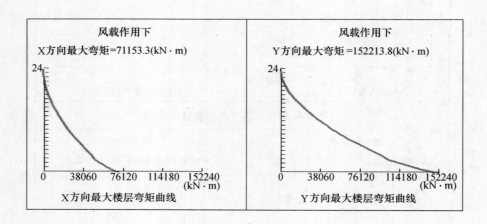

图 3.6.19 风载作用下楼层弯矩

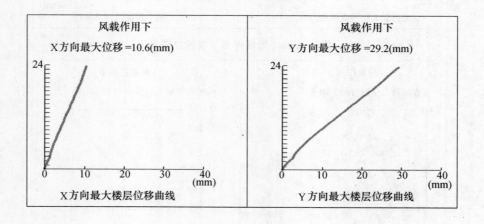

图 3.6.20 风载作用下楼层位移

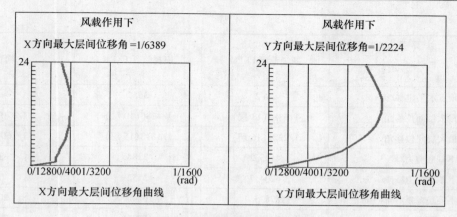

图 3.6.21　风载作用下层间位移角

3. 结构整体空间振动简图

图 3.6.22 为框架-剪力墙结构的前三个振型的三维振型图，其中第一振型为沿 Y 向的平动，第二振型为沿 X 向平动，第三振型为扭转。

图 3.6.22　框架-剪力墙结构在前三个振型下振动简图

3.6.3　三种计算方法的结果比较

对采用新旧规范版本的 PKPM 软件计算结果和简化手算结果进行比较，详见表 3.6.4。

表 3.6.4　框剪结构周期、地震力及顶点水平位移计算结果

计算方法 / 计算结果	新规范版 PKPM	旧规范版 PKPM	简化手算
X 方向基本周期/s	2.0655	2.57	2.37
Y 方向基本周期/s	2.2194	2.54	2.4
扭转周期/s	1.3442	1.61	—
X 方向风荷载下基底剪力/kN	1439.6	1301	1476
Y 方向风荷载下基底剪力/kN	3084.6	2877	3192
X 方向风荷载下顶点水平位移/mm	10.6	16	18

（续）

计算方法　　　　　　　计算结果	新规范版 PKPM	旧规范版 PKPM	简化手算
Y 方向风荷载下顶点水平位移/mm	29.2	36.7	40
X 方向风荷载下最大层间位移角	1/6389（13 层）	1/4186（10 层）	1/3707（13 层）
Y 方向风荷载下最大层间位移角	1/2224（16 层）	1/1818（15 层）	1/1603（19 层）
X 方向地震作用下基底剪力/kN	4125.2	3284	3231
Y 方向地震作用下基底剪力/kN	4204.7	3552	3231
X 方向地震作用下倾覆弯矩/(kN·m)	187835.7	162457	200357
Y 方向地震作用下倾覆弯矩/(kN·m)	174634.1	157921	200565
X 方向地震作用下顶点水平位移/mm	31.3	41.8	39
Y 方向地震作用下顶点水平位移/mm	35.1	42.7	40
X 方向地震作用下最大层间位移角	1/2037（16 层）	1/1581（12 层）	1/1693（18 层）
Y 方向地震作用下最大层间位移角	1/1752（17 层）	1/1511（18 层）	1/1583（20 层）

通过对新旧规范版软件及手算计算结果分析比较可以得出：

（1）新旧规范版本的 PKPM 周期比计算结果比较接近，约为 0.6 < 0.9，满足规范要求。本实例扭转周期较小（$T_t = 1.34$），扭转刚度较大，从结构中剪力墙的布置可以得出：对于框架-剪力墙结构，如果剪力墙均匀布置在周边，保证结构主轴方向刚度的同时也提供了较大的抗扭刚度，对结构非常有利。

（2）地震作用下顶点水平位移、层间位移角、基底剪力和倾覆弯矩三种方法计算结果相差较大。

（3）总的来说，在考虑地震作用下，新规范版 PKPM 的计算结果更偏于安全。

3.7　结构方案评议及优化建议

1. 结构方案评议

（1）本框架-剪力墙结构第 3 层刚度比和楼层受剪承载力之比同时不能满足《高规》第 3.5.2 条和 3.5.3 条规定，因此这一层既是软弱层同时也是薄弱层，依据《高规》第 3.5.7 条规定，这种结构对抗震十分不利，宜尽量避免采用。

（2）第四层柱轴压比超限，柱截面偏小。

（3）最大层间位移角 1/2037，规范要求为 1/800，局部楼层结构偏刚。

2. 优化建议

（1）调整第四层柱截面，边柱由原先的 750×750 增大为 850×850，中柱由原先的 9000×900 增大为 950×950，调整后重新进行计算，轴压比满足要求，结果比较理想（详见轴压比一节内容）。

（2）对第 3 层薄弱层，由于同时不满足《高规》第 3.5.2 条和 3.5.3 条规定，必须调整结构体系和剪力墙的布置，重新计算。不能仅采取将地震作用标准值的剪力乘以 1.25 增大系数的办法来解决。

（3）9 层以上按楼层在原截面的基础上可逐级减小柱截面。

3.8　框架-剪力墙结构施工图

经过 SATWE 计算以后，如果计算输出文件的各项参数基本符合规范要求，就可以进入到 PKPM 软件中"墙梁柱施工图"菜单项，完成后续梁和柱配筋施工图设计，如图 3.8.1、图 3.8.2 所示。

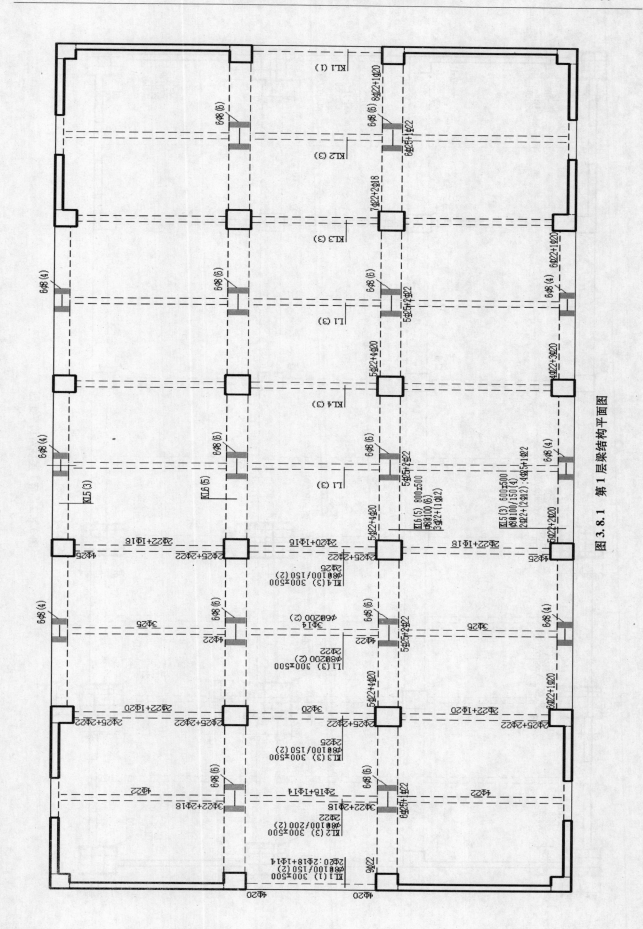

图 3.8.1　第 1 层梁结构平面图

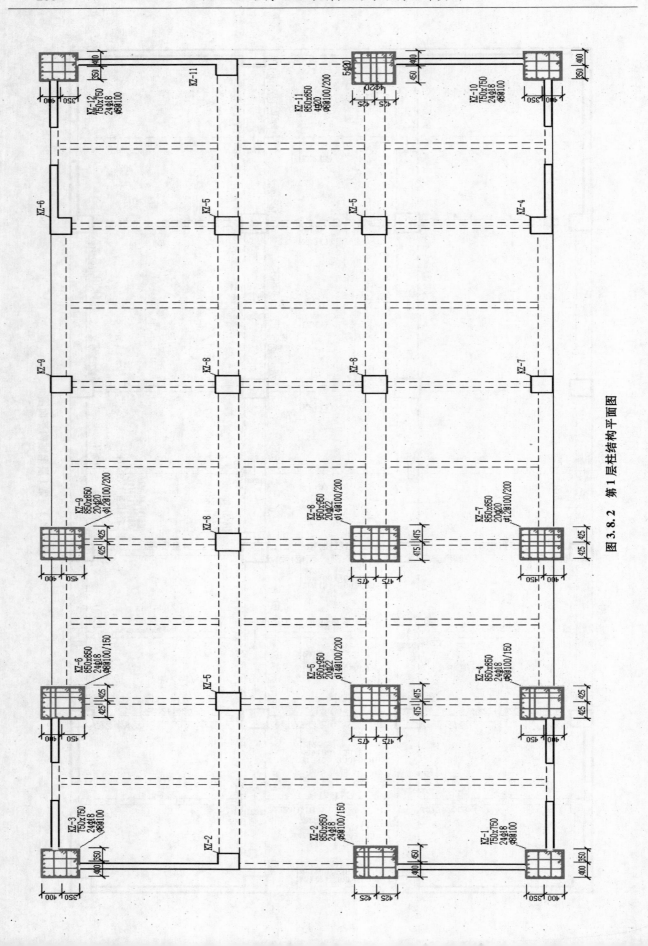

图 3.8.2　第 1 层柱结构平面图

第4章 剪力墙结构设计

由剪力墙组成的承受竖向和水平作用的结构称作剪力墙结构。剪力墙结构的开间一般为 3 ~ 8m，结构的整体性好，抗震能力强，大量应用于住宅建筑中。剪力墙结构的适用高度范围广，从多层到高层都可以应用。但剪力墙的布置受到建筑开间和楼板跨度的限制，墙与墙之间的间距较小，难于满足布置大空间等使用要求。

4.1 剪力墙结构的设计要点

1. 剪力墙布置原则

除门窗洞口外，剪力墙结构的纵横向墙体全部由剪力墙构成，结构的整体刚度非常大，因此剪力墙的数量不宜太多，通常采用开结构洞口的布置并选取合适的墙体厚度才能达到受力合理、造价经济的目标。设计中要做到建筑物纵横向都必须布置剪力墙，而且要使两向的刚度相接近才有利于抗震。布置的剪力墙必须上延到顶，下伸到底，通过墙厚度的逐渐变化使结构在竖向上既延续且有渐变。剪力墙上的洞口宜上下对齐，成列布置，使剪力墙形成有明确的墙肢和连梁的双肢或多肢剪力墙。规范中也对剪力墙的布置做出了规定：

（1）平面布置宜简单、规则，宜沿两个主轴方向或其他方向双向布置，两个方向的侧向刚度不宜相差过大。抗震设计时，不应采用仅单向有墙的结构布置。

（2）宜自下到上连续布置，避免刚度突变。

（3）门窗洞口宜上下对齐、成列布置，形成明确的墙肢和连梁；宜避免造成墙肢宽度相差悬殊的洞口设置；抗震设计时，一、二、三级剪力墙的底部加强部位不宜采用上下洞口不对齐的错洞墙，全高均不宜采用洞口局部重叠的叠合错洞墙。

（4）剪力墙不宜过长，较长剪力墙宜设置跨高比较大的连梁将其分成长度较均匀的若干墙段，各墙段的高度与墙段长度之比不宜小于 3，墙段长度不宜大于 8m。

2. 一般规定

（1）剪力墙结构最大适用高度、抗震等级和最大高宽比的确定见表 4.1.1（《抗规》表 6.1.1 和表 6.1.2）。

表 4.1.1 剪力墙结构最大高度、抗震等级和最大高宽比

设防烈度		6		7		8(0.2g)		8(0.3g)		9
最大适用高度 /m	全部落地剪力墙	140[150]		120		100		80		60
	部分框支剪力墙	120[130]		100		80		50		不采用
抗震等级	高度/m	≤80	>80	≤80	>80	≤80	>80	≤80	>80	≤60
	剪力墙	四	三	三	二	二	一	二	一	一
最大高宽比		6[7]		6		5				4

说明：1. 建筑场地为 I 类时，除 6 度外应允许按表内降低一度所对应的抗震等级采取抗震构造措施，但相应的计算要求不应降低；

  2. [] 内数字用于非抗震设计。

（2）剪力墙结构伸缩缝、沉降缝和防震缝宽度规定：规范规定剪力墙结构伸缩缝的最大间距为 45m，防震缝宽度见表 4.1.2 所示。

表 4.1.2 剪力墙结构防震缝宽度

设防烈度	6		7		8		9	
房屋高度 H/m	≤15	>15	≤15	>15	≤15	>15	≤15	>15
防震缝宽度/mm	≥100	$\geq(100+4\times h)\times 0.5$	≥100	$\geq(100+5\times h)\times 0.5$	≥100	$\geq(100+7\times h)\times 0.5$	≥100	$\geq(100+10\times h)\times 0.5$
说明	1. 防震缝两侧结构类型不同时,宜按需要较宽防震缝的结构类型和较低房屋高度确定缝宽。 2. 抗震设计时,伸缩缝、沉降缝的宽度应满足防震缝的要求。 3. 表中 $h=H-15$。 4. 防震缝的宽度均不宜小于 100mm。							

3. 剪力墙底部加强区高度的确定

▶《高规》第 7.1.4 抗震设计时,剪力墙底部加强部位的范围,应符合下列规定:

（1）底部加强部位的高度,应从地下室顶板算起。

（2）底部加强部位的高度可取底部两层和墙体总高度的 1/10 二者的较大值。

（3）当结构计算嵌固端位于地下一层底板或以下时,底部加强部位宜延伸到计算嵌固端。

▶《高规》第 10.2.2 带转换层的高层建筑结构,其剪力墙底部加强部位的高度应从地下室顶板算起,宜取至转换层以上两层且不宜小于房屋高度的 1/10。

4. 剪力墙厚度的确定

▶《高规》第 7.2.1 条 剪力墙的截面厚度应符合下列规定:

（1）一、二级剪力墙:底部加强部位不应小于 200mm,其他部位不应小于 160mm;一字形独立剪力墙底部加强部位不应小于 220mm,其他部位不应小于 180mm。

（2）三、四级剪力墙:不应小于 160mm,一字形独立剪力墙的底部加强部位尚不应小于 180mm。

（3）非抗震设计时不应小于 160mm。

（4）剪力墙井筒中,分隔电梯井或管道井的墙肢截面厚度可适当减小,但不宜小于 160mm。

▶《高规》第 7.2.2 条 抗震设计时,短肢剪力墙的设计应符合下列规定:

短肢剪力墙截面厚度除应符合《高规》第 7.2.1 条的要求外,底部加强部位尚不应小于 200mm,其他部位尚不应小于 180mm。

首次建模时,剪力墙的厚度可按照表 4.1.3 给出的数据初步确定一个数,然后通过计算后再进行调整,这样可以节省设计人员的时间,提高工作效率。

表 4.1.3 剪力墙结构中剪力墙厚度初步估值 （单位:mm）

层数	11~15	16	17~20	21~25	26~30	31~40
6.6~8.0m 开间	200(180)	200	250	300	350	400
3.3~3.9m 开间	200(160)	200(180)	200(180)	250	300	350

注:括号内数字用于内墙厚度。

4.2 剪力墙结构设计经典范例

某一 34 层现浇钢筋混凝土剪力墙结构,平面如图 4.2.1 所示。该工程为一纯高层住宅,地下一层为车库、设备用房,地处 7 度抗震设防区域,场地为 Ⅱ 类,地震分组第一组,基本风压为 0.77kN/m^2,地面粗糙度 C 类,丙类建筑,总高度 98.6m。

4.2.1 基本条件

（1）建筑结构安全等级:二级

（2）结构重要性系数：1.0

（3）环境类别：地面以上为一类，地面以下为二 a 类

（4）风荷载

基本风压：$0.77kN/m^2$

地面粗糙度：C 类

（5）地震参数

抗震设防烈度：7 度

设计基本地震加速度：$0.1g$

地震分组：第一组

建筑场地类别：Ⅱ类

特征周期：$0.35s$

抗震设防类别：标准设防类（丙类）

剪力墙抗震等级：二级

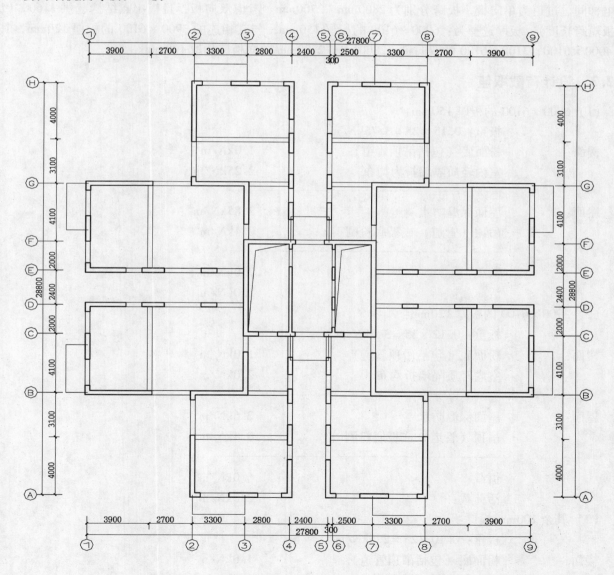

图 4.2.1　剪力墙结构平面图

4.2.2　主要结构材料

1. 各层梁、板、柱采用的混凝土强度等级和钢筋牌号见表 4.2.1，为了同原范例进行比较，取和范例统一的材料。

表 4.2.1　混凝土强度等级和钢筋牌号

构 件 名 称		墙		梁		板	
		受力钢筋	分布钢筋	纵筋	箍筋	受力钢筋	分布钢筋
钢筋牌号		HRB335	HPB235	HRB335	HPB235	HRB335	HPB235
混凝土强度等级	1~10 层	C40		C30		C30	
	11~34 层	C30		C30		C30	

2. 板厚的确定

本工程楼屋面板在住宅室内部分均为周边（剪力墙）可视作固定端的双向板。双向板的尺寸分别为（mm）：3900×6100、6000×6100、4000×6100、3100×6100；阳台悬臂板，净悬臂长度 1200mm；楼电梯间、过道为单向板，板跨分别为 2800mm、2700mm。考虑双向板，且板中点结构起拱 $L/600$（L 为板短跨长度）。板厚选择为：6000×6100 的板厚 150mm，与其相连的 3900×6100 的板厚 120mm，其余 4000×6100、3100×6100 的双向板，2800mm、2700mm 单向板厚均取 100mm。

4.2.3　设计荷载取值

（1）6000×6100 的板厚 150mm：

板重：$0.15 \times 25 = 3.75 \text{kN/m}^2$

楼面：

粉面底（包括吊顶管道）　　　　　　　　1.0kN/m²

室内轻质隔墙折为均布　　　　　　　　　2.25kN/m²

_____

屋面：

屋面保温防水　　　　　　　　　　　　　2.85kN/m²

吊顶（管道）或板底粉刷　　　　　　　　0.4kN/m²

_____

恒载：　　　　　　　　　　　　　　　　7.0kN/m²

活荷载：　　　　　　　　　　　　　　　2.0kN/m²

（2）3900×6100 的板厚 120mm：

板重：$0.12 \times 25 = 3.0 \text{kN/m}^2$

楼面：

粉面底（包括吊顶管道）　　　　　　　　1.0kN/m²

室内轻质隔墙折均布　　　　　　　　　　2.0kN/m²

_____

屋面：

屋面保温防水　　　　　　　　　　　　　2.6kN/m²

吊顶（管道）或板底粉刷　　　　　　　　0.4kN/m²

_____

恒载：　　　　　　　　　　　　　　　　6.0kN/m²

活荷载：　　　　　　　　　　　　　　　2.0kN/m²

（3）其余 100mm 板厚：

板重：$0.10 \times 25 = 2.5 \text{kN/m}^2$

楼面：

粉面底（包括吊顶管道）　　　　　　　　1.0kN/m²

室内轻质隔墙折均布　　　　　　　　　　2.0kN/m²

屋面：　　屋面保温防水　　　　　　　　　　　$2.6kN/m^2$
　　　　　　吊顶（管道）或板底粉刷　　　　　$0.4kN/m^2$

　　　　　　恒载：　　　　　　　　　　　　　$5.5kN/m^2$
　　　　　　活荷载：　　　　　　　　　　　　$2.0kN/m^2$

（4）内隔墙（100mm 加气混凝土，容重 $13kN/m^2$）：4.0kN/m

4.3　结构模型的建立和荷载输入

通过 PMCAD，输入结构计算模型如图 4.3.1 所示，剪力墙截面厚度取值见表 4.3.1，楼面荷载如图 4.3.2 ~ 图 4.3.3 所示。

图 4.3.1　剪力墙结构模型

表 4.3.1　剪力墙模型参数　　　　　　　　　　　　（单位：mm）

自然层	标准层	层高	连梁	板厚/mm	剪力墙	电梯内筒分隔墙	混凝土强度等级
1 ~ 10	1	2900	300 × 500	150、120、100	300	200	C40
11 ~ 34	2	2900	300 × 500	150、120、100	300	200	C30

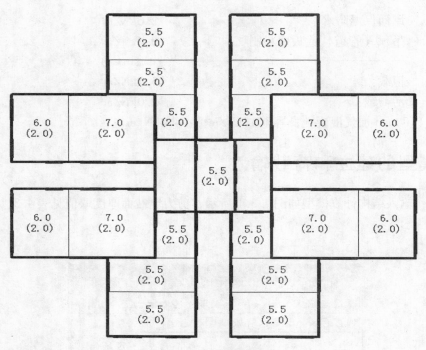

图 4.3.2　楼面荷载平面图

4.4　设计参数选取

1. 本层信息中参数的确定

对于每一个标准层，在本层信息中可以确定板的厚度、钢筋类别、强度等级及层高等，如图 4.4.1 所示。

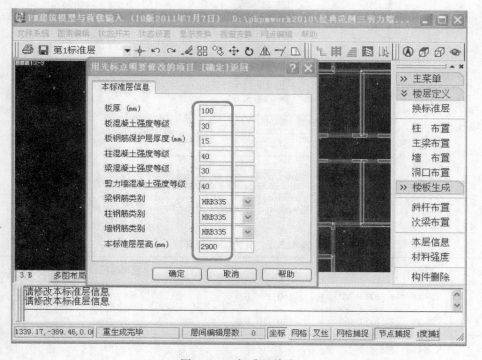

图 4.4.1　标准层信息

2. 建模设计参数的确定

包括总信息、材料信息、地震信息、风荷载信息和钢筋信息共五项内容,如图 4.4.2、图 4.4.3 所示。

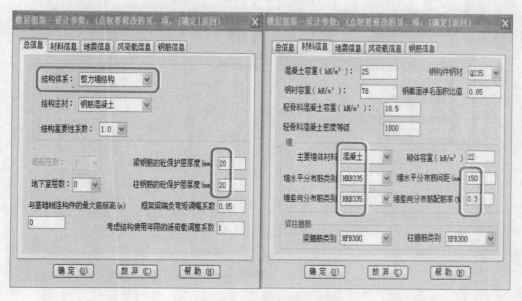

图 4.4.2   建模总信息和材料信息

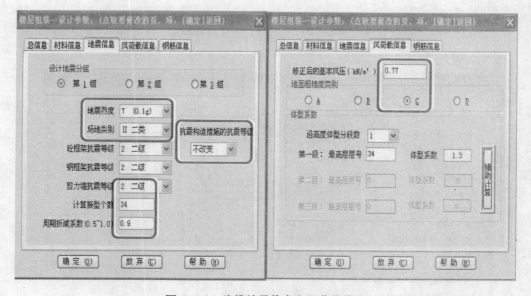

图 4.4.3   建模地震信息和风荷载信息

4.5   SATWE 结构内力和配筋计算

1. SATWE 计算参数确定

接 PMCAD 生成 SATWE 数据,执行 SATWE 前处理菜单,其中第 1 和第 6 项必须执行,通过第 5 项菜单,设计人员可以在多塔定义中对程序默认的底部加强区根据自己的需要进行修改,如图 4.5.1 所示。参数取值及说明详见第 1 章有关内容,页面信息如图 4.5.2 ~ 图 4.5.7 所示。

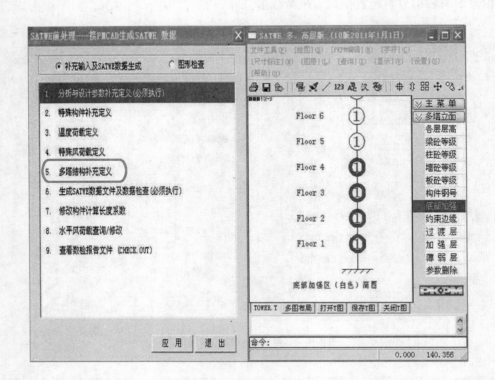

图 4.5.1　剪力墙底部加强区修改菜单

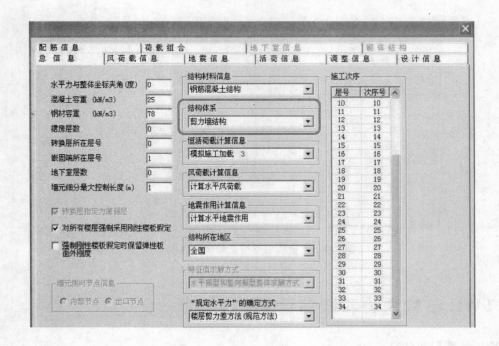

图 4.5.2　总信息

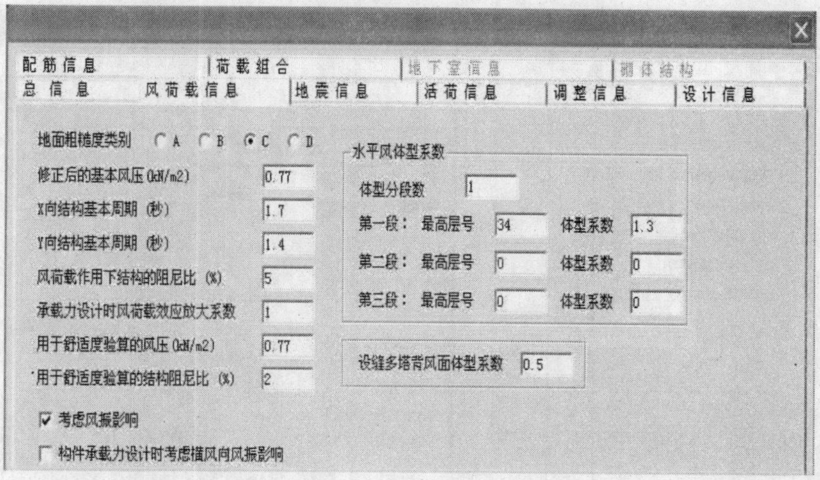

图 4.5.3　风荷载信息

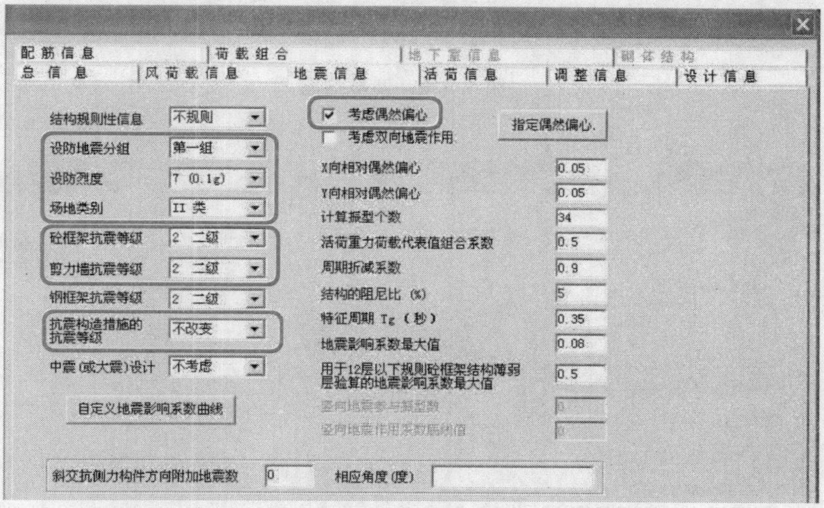

图 4.5.4　地震信息

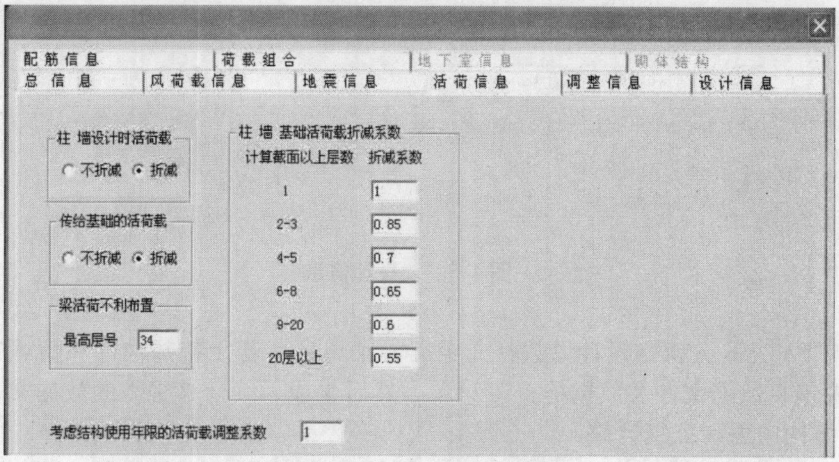

图 4.5.5　活荷载信息

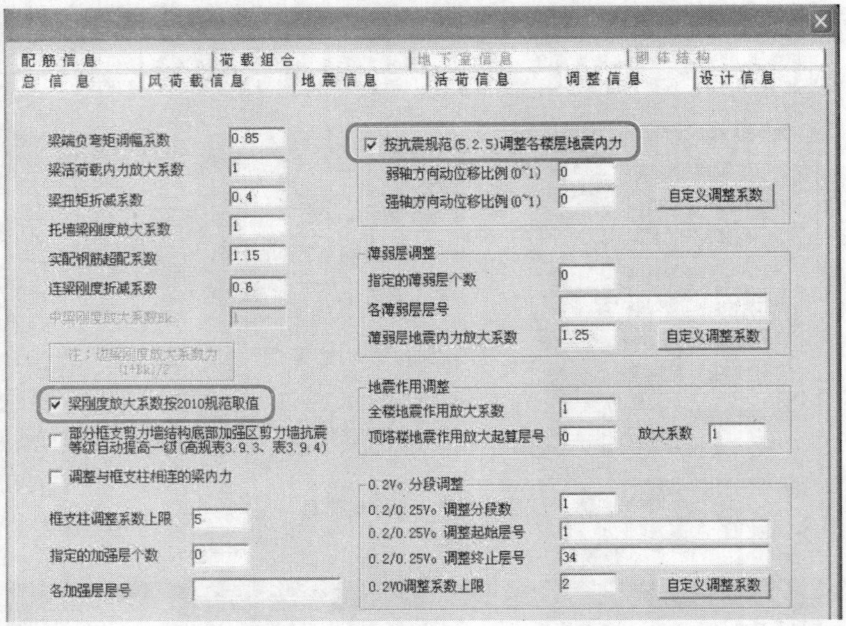

图 4.5.6　调整信息

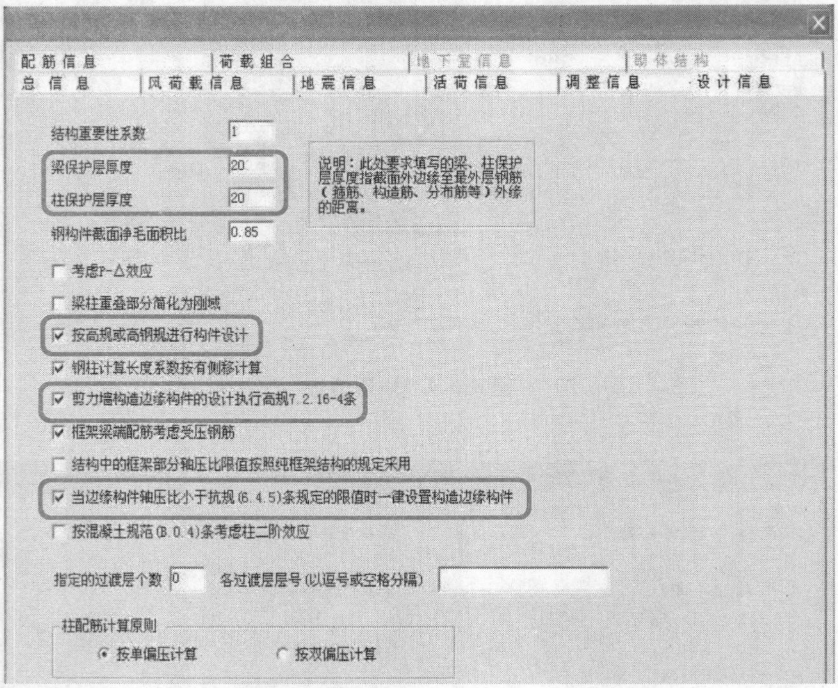

图 4.5.7　设计信息

　　完成第 1 项 "SATWE 分析与设计参数补充定义" 菜单后，若无特殊构件和荷载定义，可直接执行第 6 项 "生成 SATWE 数据文件及数据检查" 菜单，然后生成后续计算必需的数据文件。

2. SATWE 结构内力和配筋计算

　　执行 SATWE 主菜单第 2 项 "结构内力和配筋计算" 后弹出如图 4.5.8 所示页面，按第 1 章要求进行参数选择后，直接按 "确认" 进行 SATWE 配筋计算。

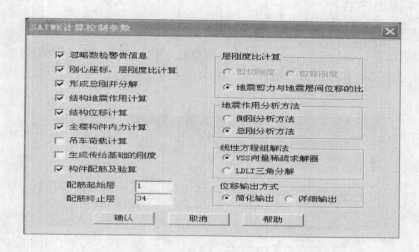

图 4.5.8　SATWE 计算控制参数

4.6　结构计算结果分析对比

执行 SATWE 第四项菜单"分析结果图形和文本显示",计算结果包括图形输出和文本输出两部分,如图 4.6.1 所示。对剪力墙结构来说,图形文件输出包含 17 项内容,设计人员需重点查看 2、9、13、15、16、17 项菜单的内容,重点是第 2 项菜单。文本输出文件共 12 项内容,需重点查看第 1、2、3、6、10 项菜单的内容。

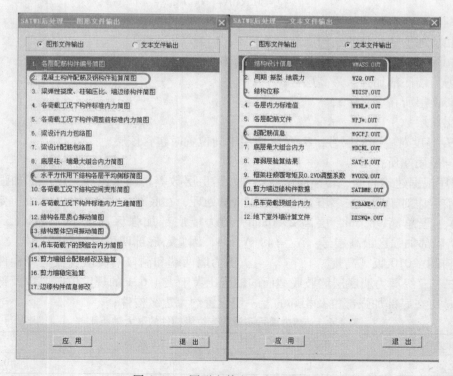

图 4.6.1　图形文件和文本文件输出

4.6.1 文本文件输出内容

1. 建筑结构的总信息（WMASS.OUT）

重点关注剪力墙底部加强区层数、层刚度比、刚重比、楼层受剪承载力计算结果。

（1）剪力墙加强区层数和约束边缘构件层（图4.6.2）

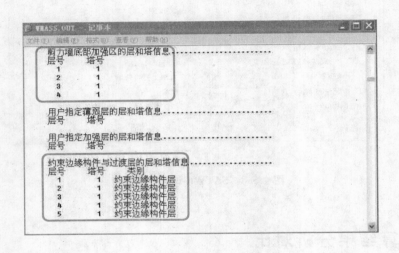

图4.6.2 剪力墙底部加强区层数及约束边缘构件层

【新规范链接】SATWE程序确定底部加强区高度是按照《高规》第7.1.4条和10.2.2条规定执行的。

$$H_S = Max(H_1 + H_2, H/10)$$

$$N_S = Max(N_T, N_Q, N_{S1})$$

式中　H_S——剪力墙底部加强区高度；

　H_1、H_2——扣除地下室部分的结构底部起算第1、2自然层层高；

　　H——扣除地下室部分的结构总高度，当为多塔结构时取1号塔的总高度；

　　N_S——剪力墙底部加强区最高层号；

　　N_T——转换层所在层号 $+2$；

　　N_Q——裙房层数 $+1$；

　　N_{S1}——H_s 高度对应的楼层号，H_s 位于楼层中间位置时包含该层；

　　起始层号 = 嵌固端所在层号 -1

SATWE程序根据建筑高度、转换层所在层号、裙房层数等自动求出剪力墙底部加强区的层数。需要注意的是目前程序对于广义层多塔结构尚未作特殊处理，在底部加强区判别上存在一定偏差。

【分析】本工程总高98.6m，层高2900mm，剪力墙底部加强区高度 $H_s = Max(5.8, 98.6/10) = 9.86m$。剪力墙底部加强区最高层号：$N_{S1} = 4$，$N_S = 4$，因此，底部四层为加强区。

【新规范链接】2010版《高规》第7.2.14条剪力墙两端和洞口两侧应设置边缘构件，并应符合下列规定：一、二、三级剪力墙底层墙肢底截面的轴压比大于表4.6.1的规定值时，以及部分框支剪力墙结构的剪力墙，应在底部加强部位及相邻的上一层设置约束边缘构件；

表4.6.1 剪力墙可不设约束边缘构件的最大轴压比

等级或烈度	一级(9度)	一级(6、7、8度)	二、三级
轴压比	0.1	0.2	0.3

依据规范要求，程序会自动算出约束边缘构件层为底部 5 层。

（2）刚度比和刚重比计算结果（图 4.6.3）

【新规范链接】2010 版《高规》第 3.5.2 条和 3.5.8 条关于刚度比规定，第 5.4.1 条和 5.4.4 条关于刚重比相关规定。

▶第 3.5.2 条　抗震设计时，高层建筑相邻楼层的侧向刚度变化应符合下列规定：对剪力墙结构，本层与相邻上层的比值不宜小于 0.9；当本层层高大于相邻上层层高的 1.5 倍时，该比值不宜小于 1.1；对结构底部嵌固层，该比值不宜小于 1.5。

▶第 3.5.8 条　刚度变化不符合第 3.5.2 条要求的楼层，其对应于地震作用标准值的剪力应乘以 1.25 的增大系数。

▶第 5.4.1 条　当高层剪力墙结构满足下列规定时，弹性计算分析时可不考虑重力二阶效应的不利影响。

$$EJ_d \geqslant 2.7H^2 \sum_{i=1}^{n} G_j$$

▶第 5.4.4 条　**高层剪力墙结构的整体稳定性应符合下列规定：**

$$EJ_d \geqslant 1.4H^2 \sum_{i=1}^{n} G_j$$

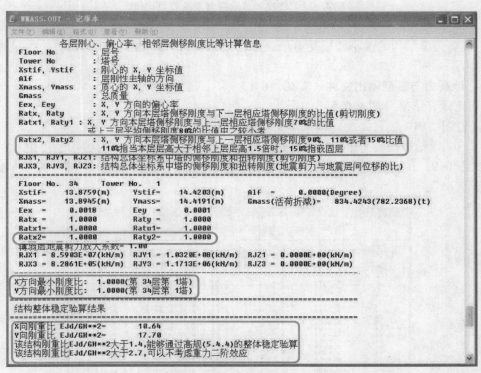

图 4.6.3　层侧移刚度比和刚重比计算结果

【分析】该剪力墙结构最小刚度比为 1.0，满足规范要求，不存在薄弱层，刚重比也符合要求。

（2）楼层受剪承载力计算结果（图 4.6.4）

【新规范链接】2010 版《高规》第 3.5.3 关于楼层受剪承载力规定。

▶第 3.5.3 条　A 级高度高层建筑的楼层抗侧力结构的层间受剪承载力不宜小于其相邻上一层受剪承载力的 80%，不应小于其相邻上一层受剪承载力的 65%；B 级高度高层建筑的楼层抗侧力结构的层间受剪承载力不应小于其相邻上一层受剪承载力的 75%。

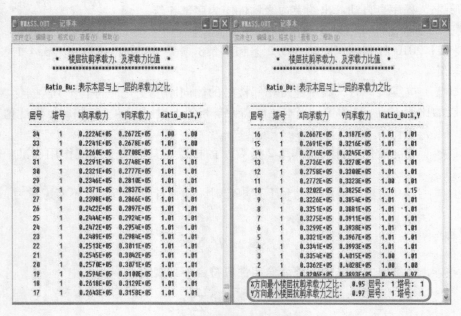

图 4.6.4　楼层受剪承载力及承载力比值

【分析】该剪力墙结构的最小楼层受剪承载力比值为 0.95（X 方向，第 1 层），满足规范要求，因此不存在薄弱层。

2. 周期、地震力与振型输出文件（WZQ. OUT）

（1）周期比计算结果（图 4.6.5）

【新规范链接】2010 版《高规》第 3.4.5 条相关规定

▶第 3.4.5 条　结构扭转为主的第一自振周期 T_t 与平动为主的第一自振周期 T_1 之比，A 级高度高层建筑不应大于 0.9，B 级高度高层建筑、超过 A 级高度的混合结构及本规程第 10 章所指的复杂高层建筑不应大于 0.85"。

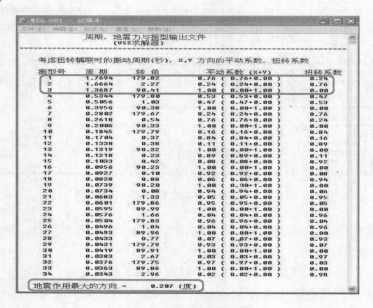

图 4.6.5　周期计算结果

【分析】判断平动周期和扭转周期一般情况下，主要看前三个振型就可以判断。本工程第一振型为

X 向平动（平动系数为 0.76），第二振型为扭转（扭转系数为 0.76），第三振型为 Y 向平动（平动系数为 1.00），周期比为 1.6664/1.7694 =0.94 >0.9，不满足规范要求，需进行调整。由于该剪力墙结构第二振型为扭转，说明结构沿两个主轴方向的侧移刚度相差较大，结构的扭转刚度相对 X 主轴的侧移刚度是合理的；但相对于 Y 主轴的侧移刚度则过小，此时宜适当削弱结构内部沿 Y 主轴的刚度，按照以上思路，具体调整时主要采取“减法原理”，减小内筒剪力墙及部分外边剪力墙截面面积（由原先的 300mm 厚改为 200mm），调整后的周期如图 4.6.6 所示，周期比为 0.899 <0.9，满足规范要求。

周期、地震力与振型输出文件
（VSS求解器）

考虑扭转耦联时的振动周期(秒)、X,Y 方向的平动系数、扭转系数

振型号	周期	转角	平动系数（X+Y）	扭转系数
1	1.9572	0.00	0.93 (0.93+0.00)	0.07
2	1.7610	4.92	0.07 (0.07+0.00)	0.93
3	1.4337	90.37	1.00 (0.00+1.00)	0.00
4	0.5811	0.07	0.88 (0.88+0.00)	0.12
5	0.5385	2.47	0.12 (0.12+0.00)	0.88
6	0.4229	90.35	1.00 (0.00+1.00)	0.00
7	0.2986	0.05	0.73 (0.73+0.00)	0.27
8	0.2820	1.02	0.27 (0.27+0.00)	0.73
9	0.2163	90.31	1.00 (0.00+1.00)	0.00
10	0.1948	0.06	0.59 (0.59+0.00)	0.41
11	0.1850	0.54	0.41 (0.41+0.00)	0.59

图 4.6.6　调整后周期计算结果

（2）X、Y 方向的剪重比，有效质量系数计算结果（图 4.6.7）

【新规范链接】2010 版《高规》《抗规》相关规定

▶《抗规》第 5.2.5 条和《高规》第 4.3.12 条　**抗震验算时，结构各楼层对应于地震作用标准值的剪力应符合下式：**

$$V_{\mathrm{EK}i} \geqslant \lambda \sum_{j=i}^{n} G_j (\lambda \text{ 取值见《高规》表 4.3.12})$$

▶《抗规》第 5.2.2 条文说明和《高规》第 4.3.10 条文说明，“振型个数一般可取振型参与质量达到总质量的 90% 所需的振型数”。

Floor　: 层号
Tower　: 塔号
Fy　: Y 向地震作用下结构的地震反应力
Vy　: Y 向地震作用下结构的楼层剪力
My　: Y 向地震作用下结构的弯矩
Static Fy: 静力法 Y 向的地震力

(注意:下面分塔输出的剪重比不适合于上连多塔结构)

Floor	Tower	Fy (kN)	Vy (分塔剪重比) (kN)	(整层剪重比)	My (kN-m)	Static Fy (kN)
34	1	567.98	567.98(7.26%)	(7.26%)	1647.13	1111.69
33	1	507.39	1073.28(6.86%)	(6.86%)	4757.78	378.03
32	1	451.83	1516.35(6.46%)	(6.46%)	9146.00	366.57
31	1	405.24	1901.68(6.08%)	(6.08%)	14636.08	355.12
30	1	366.85	2234.38(5.71%)	(5.71%)	21066.54	343.66
29	1	337.14	2519.33(5.37%)	(5.37%)	28289.66	332.21
28	1	316.80	2761.79(5.04%)	(5.04%)	36171.64	320.75
27	1	303.91	2966.93(4.74%)	(4.74%)	44592.80	309.30
26	1	297.44	3139.40(4.46%)	(4.46%)	53446.64	297.84
25	1	297.90	3284.01(4.20%)	(4.20%)	62639.47	286.39
24	1	303.55	3405.84(3.96%)	(3.96%)	72098.48	274.93
23	1	312.45	3509.87(3.74%)	(3.74%)	81731.50	263.48
22	1	324.47	3601.19(3.54%)	(3.54%)	91507.58	252.02
21	1	338.58	3685.10(3.36%)	(3.36%)	101376.11	240.56
20	1	352.48	3766.71(3.21%)	(3.21%)	111307.99	229.11
19	1	365.80	3850.59(3.08%)	(3.08%)	121287.08	217.65
18	1	378.64	3940.87(2.96%)	(2.96%)	131309.80	206.20
17	1	389.39	4040.89(2.87%)	(2.87%)	141384.64	194.74
16	1	397.26	4152.73(2.79%)	(2.79%)	151531.03	183.29
15	1	403.22	4277.26(2.73%)	(2.73%)	161777.70	171.83
14	1	406.78	4414.42(2.69%)	(2.69%)	172161.16	160.38
13	1	406.48	4562.98(2.65%)	(2.65%)	182723.03	148.92
12	1	403.22	4720.55(2.62%)	(2.62%)	193508.23	137.47
11	1	398.12	4884.27(2.60%)	(2.60%)	204561.78	126.01
10	1	389.42	5051.06(2.58%)	(2.58%)	215926.48	114.55
9	1	376.97	5217.52(2.57%)	(2.57%)	227640.72	103.10
8	1	362.97	5379.70(2.55%)	(2.55%)	239735.94	91.64
7	1	346.54	5533.80(2.53%)	(2.53%)	252234.75	80.19
6	1	323.51	5675.70(2.50%)	(2.50%)	265150.00	68.73
5	1	294.36	5800.66(2.47%)	(2.47%)	278482.69	57.28
4	1	262.20	5904.34(2.43%)	(2.43%)	292221.28	45.82
3	1	220.00	5982.90(2.39%)	(2.39%)	306342.06	34.37
2	1	154.83	6032.77(2.34%)	(2.34%)	320809.31	22.91
1	1	68.98	6052.90(2.28%)	(2.28%)	335578.38	11.46

抗震规范(5.2.5)条要求的Y向楼层最小剪重比 =　1.60%

Y 方向的有效质量系数：　98.32%

Floor　: 层号
Tower　: 塔号
Fx　: X 向地震作用下结构的地震反应力
Vx　: X 向地震作用下结构的楼层剪力
Mx　: X 向地震作用下结构的弯矩
Static Fx: 静力法 X 向的地震力

(注意:下面分塔输出的剪重比不适合于上连多塔结构)

Floor	Tower	Fx (kN)	Vx (分塔剪重比) (kN)	(整层剪重比)	Mx (kN-m)
34	1	456.51	456.51(5.84%)	(5.84%)	1323.88
33	1	394.89	847.98(5.42%)	(5.42%)	3780.04
32	1	345.26	1179.73(5.03%)	(5.03%)	7187.28
31	1	309.80	1460.89(4.67%)	(4.67%)	11380.24
30	1	285.16	1699.60(4.35%)	(4.35%)	16249.42
29	1	270.18	1902.93(4.05%)	(4.05%)	21657.83
28	1	261.82	2077.05(3.79%)	(3.79%)	27518.49
27	1	257.17	2226.76(3.56%)	(3.56%)	33751.70
26	1	256.76	2356.13(3.35%)	(3.35%)	40290.18
25	1	259.58	2469.06(3.16%)	(3.16%)	47077.68
24	1	263.60	2569.14(2.99%)	(2.99%)	54068.21
23	1	269.52	2659.63(2.83%)	(2.83%)	61225.22
22	1	276.14	2743.73(2.70%)	(2.70%)	68520.73
21	1	281.78	2824.04(2.58%)	(2.58%)	75935.28
20	1	287.43	2902.59(2.47%)	(2.47%)	83456.40
19	1	293.87	2981.22(2.38%)	(2.38%)	91078.06
18	1	297.41	3061.30(2.30%)	(2.30%)	98799.05
17	1	301.72	3143.74(2.23%)	(2.23%)	106626.36
16	1	306.44	3229.53(2.17%)	(2.17%)	114565.79
15	1	309.90	3319.33(2.12%)	(2.12%)	122630.46
14	1	313.04	3413.37(2.08%)	(2.08%)	130835.32
13	1	316.49	3511.93(2.04%)	(2.04%)	139197.66
12	1	317.69	3614.92(2.01%)	(2.01%)	147736.73
11	1	316.94	3721.49(1.98%)	(1.98%)	156472.42
10	1	315.70	3830.65(1.96%)	(1.96%)	165424.73
9	1	311.49	3941.30(1.94%)	(1.94%)	174612.73
8	1	304.56	4051.21(1.92%)	(1.92%)	184053.00
7	1	297.90	4158.15(1.90%)	(1.90%)	193758.41
6	1	287.59	4259.89(1.88%)	(1.88%)	203737.53
5	1	268.98	4352.96(1.85%)	(1.85%)	213993.12
4	1	246.21	4433.19(1.83%)	(1.83%)	224521.20
3	1	215.36	4496.67(1.80%)	(1.80%)	235309.27
2	1	157.51	4538.70(1.76%)	(1.76%)	246336.38
1	1	70.67	4555.81(1.71%)	(1.71%)	257573.44

抗震规范(5.2.5)条要求的X向楼层最小剪重比 =　1.60%

X 方向的有效质量系数：　98.46%

图 4.6.7　剪重比计算结果

【分析】X 和 Y 方向计算剪重比大于规范要求的最小剪重比 1.6%，有效质量系数大于 90%。

3. SATWE 位移输出文件（WDISP. OUT）

（1）扭转位移比和层间位移角（图 4.6.8、图 4.6.9）

【新规范链接】2010 版《高规》、《抗规》相关规定

▶《高规》第 3.4.5 条　在考虑偶然偏心影响的规定水平地震力作用下，楼层竖向构件最大的水平位移和层间位移，A 级高度高层建筑不宜大于该楼层平均值的 1.2 倍，不应大于该楼层平均值的 1.5 倍；B 级高度高层建筑、超过 A 级高度的混合结构及本规程第 10 章所指的复杂高层建筑不宜大于该楼层平均值的 1.2 倍，不应大于该楼层平均值的 1.4 倍。

▶《高规》第 3.7.3 条、《抗规》第 5.5.1 条　剪力墙弹性层间位移角限值：

$$[\theta_e] = \Delta u/h \leqslant 1/1000$$

需要提醒设计人员注意：水平位移限值针对的是风荷载或多遇地震作用标准值作用下结构分析所得到的位移计算值。因此在计算位移角时，不考虑质量偶然偏心，不能选择“强制刚性楼板假定”。

```
WDISP.OUT - 记事本
文件(F) 编辑(E) 格式(O) 查看(V) 帮助(H)
=== 工况 12 === X+偶然偏心地震作用规定水平力下的楼层最大位移

Floor  Tower   Jmax    Max-(X)   Ave-(X)   Ratio-(X)      h
               JmaxD   Max-Dx    Ave-Dx    Ratio-Dx   Max-Dx/h    DxR/Dx   Ratio_AX
  2      1     1175     0.70      0.55      1.27        2900.
               1175     0.47      0.37      1.27      1/6224.     50.6%     0.58

X方向最大层间位移角:                     1/2743.(第 18层第 1塔)
X方向最大位移与层平均位移的比值:          1.27(第  2层第 1塔)
X方向最大层间位移与平均层间位移的比值:    1.27(第  2层第 1塔)
=== 工况 13 === X-偶然偏心地震作用规定水平力下的楼层最大位移

Floor  Tower   Jmax    Max-(X)   Ave-(X)   Ratio-(X)      h
               JmaxD   Max-Dx    Ave-Dx    Ratio-Dx   Max-Dx/h    DxR/Dx   Ratio_AX

  1      1      923     0.20      0.18      1.14        2900.
                923     0.20      0.18      1.14      1/9999.     99.9%     0.38

X方向最大层间位移角:                     1/3086.(第 18层第 1塔)
X方向最大位移与层平均位移的比值:          1.14(第  1层第 1塔)
X方向最大层间位移与平均层间位移的比值:    1.14(第  1层第 1塔)
=== 工况 15 === Y+偶然偏心地震作用规定水平力下的楼层最大位移

Floor  Tower   Jmax    Max-(Y)   Ave-(Y)   Ratio-(Y)      h
               JmaxD   Max-Dy    Ave-Dy    Ratio-Dy   Max-Dy/h    DyR/Dy   Ratio_AY

  2      1     1263     0.60      0.46      1.29        2900.
               1263     0.39      0.30      1.29      1/7484.     45.9%     0.60
Y方向最大层间位移角:                     1/3370.(第 21层第 1塔)
Y方向最大位移与层平均位移的比值:          1.29(第  2层第 1塔)
Y方向最大层间位移与平均层间位移的比值:    1.29(第  2层第 1塔)
=== 工况 16 === Y-偶然偏心地震作用规定水平力下的楼层最大位移

Floor  Tower   Jmax    Max-(Y)   Ave-(Y)   Ratio-(Y)      h
               JmaxD   Max-Dy    Ave-Dy    Ratio-Dy   Max-Dy/h    DyR/Dy   Ratio_AY

  4      1     2475     1.67      1.30      1.29        2900.
               2475     0.58      0.45      1.29      1/5020.     13.8%     0.71
  3      1     1854     1.10      0.85      1.29        2900.
               1854     0.50      0.39      1.29      1/5808.     22.1%     0.66

Y方向最大层间位移角:                     1/3294.(第 21层第 1塔)
Y方向最大位移与层平均位移的比值:          1.29(第  4层第 1塔)
Y方向最大层间位移与平均层间位移的比值:    1.29(第  3层第 1塔)
```

图 4.6.8　位移比计算结果

【分析】在考虑偶然偏心影响的规定水平地震力作用下，X 和 Y 向最大位移与层平均位移的比值（位移比）大于 1.2 小于 1.5。依据《高规》第 3.4.5 条文说明“当计算的楼层最大层间位移角不大于本楼层层间位移角限值的 40% 时，该楼层的扭转位移比的上限可适当放松，但不应大于 1.6”，结合位

移比较大楼层的最大层间位移值（Max-Dx , Max-Dy）和层间位移角（Max-Dx/h, Max-Dy/h），综合判断满足规范要求。

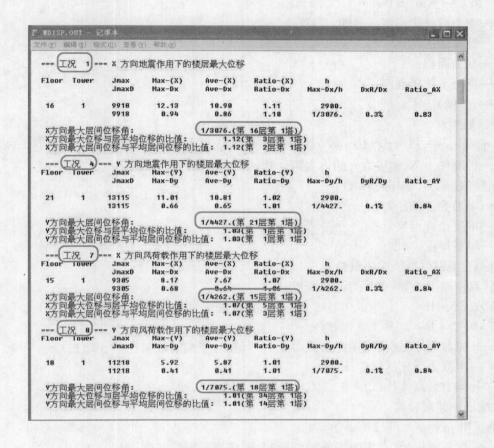

图 4.6.9　位移角计算结果

4. 超配筋信息（WGCPJ. OUT）

程序认为不满足规范规定的均属于超筋超限，在图形文件的配筋简图上以"红色"字符表示，在超配筋信息文件 WGCPJ. OUT 中输出，也在每层配筋文件 WPJ＊. OUT 中输出。通过 WGCPJ. OUT 文件，设计人员可以很详细地了解超配筋情况，便于修改。

对于剪力墙结构，重点需要读懂以下几项超配筋信息：

（1）墙-柱超限验算

1）最大配筋率超限验算

＊＊Rs > Rsmax　　　　　　　　　　　　　　　[表示暗柱配筋率超限]

　　　　Rs——墙肢一端暗柱的配筋率或按柱配筋时的全截面配筋率；

　　　Rsmax——规范允许的最大配筋率。

2）斜截面抗剪超限验算

＊＊（Lcase）V , V > Fv = Av ＊ fc ＊ B ＊ Ho　　　　　[表示抗剪截面超限]

　　Lcase——控制剪力的内力组合号；

　　　V——控制剪力（kN）；

　　　Fv——墙肢截面的抗剪承载力；

　　　Av——截面系数；

　　　Fc——混凝土抗压强度；

B,Ho——截面宽度和有效高度。

3）轴压比超限验算

* * Nu,Uw = N/(Aw * fc) > Uwf　　　　[表示轴压比超限]

　　Nu——重力荷载代表值下的轴力(kN)；

　　Uw——计算轴压比；

　　Aw——截面面积；

　　fc——混凝土抗压强度；

　　Uwf——允许轴压比；

4）稳定超限验算

* * (Lcase)q > qy,qy = Ec * t³/(10 * lo²),N　　　　[表示稳定超限]

　　Lcase——控制轴力 N、轴应力 q 的内力组合号；

　　N,q——控制轴力、轴压力(kN)；

　　qy——墙肢允许轴压力；

　　Ec——混凝土弹性模量；

　　t,lo——墙肢厚度、高度；

（2）混凝土、型钢混凝土梁超限验算

1）受压区高度超限验算（仅针对混凝土梁）

* * (Ns),X > 0.25 * Ho　　　　[梁端混凝土受压区高度超限]（抗震等级一级）

* * (Ns),X > 0.35 * Ho　　　　[梁端混凝土受压区高度超限]（抗震等级二、三级）

　　　Ns——梁截面序号（负弯矩配筋截面号 1~9,正弯矩配筋截面号 10~18）；

　　　X——混凝土受压区高度(m)；

　　　Ho——梁有效高度(m)。

2）最大配筋率超限验算

* * (Ns),Rs > Rsmax　　　　[表示单边配筋率超限]

　　　Ns——梁截面序号（负弯矩配筋截面号 1~9,正弯矩配筋截面号 10~18）；

　　　Rs——截面一边的配筋率；

　　Rsmax——规范允许的最大配筋率。

3）斜截面抗剪超限验算

* * (Lcase)V,V > Fv = Av * fc * B * Ho　　　　[表示抗剪截面超限]

　　Lcase——控制剪力的内力组合号；

　　　V——控制剪力(kN)；

　　　Fv——截面抗剪承载力；

　　　Av——计算系数；

　　　fc——混凝土抗压强度；

　B,Ho——截面宽度和有效高度。

4）剪扭超限验算

* * (Lcase)V, T, V/(B * Ho) + T/Wt > Av * fc　　　　[表示梁剪扭截面超限]

　　Lcase——控制内力的内力组合号；

　　V,T——控制验算的剪力和扭矩(kN,kN·m)；

　B,Ho——截面宽度和有效高度；

　　　Wt——截面受扭塑性抵抗矩；

　　　Av——计算系数；

　　　fc——混凝土抗压强度。

5. 剪力墙边缘构件输出文件（SATBMB. OUT）（图 4.6.10）

从图 4.6.10 中，我们可以获得每一楼层剪力墙边缘构件许多有用的信息。首先要了解控制边缘构件的参数设置及依据规范条文，例如结构类型、抗震烈度、轴压比的控制作用、是否执行《高规》7.2.16-4 条的规定；其次，重点要看明白楼层标志（底部加强区、过渡层、非加强区等）、边缘构件的种类（0 表示约束边缘构件，1 表示构造边缘构件），构件在重力荷载代表值作用下的轴压比（UC），构件不设约束边缘构件的最大轴压比（UC_ A），约束边缘构件箍筋配箍率（PSV）。

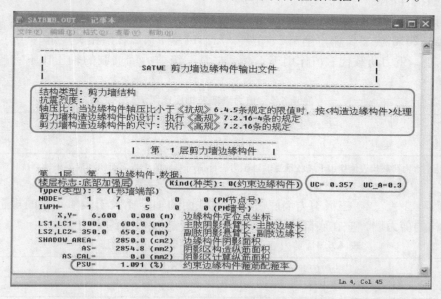

图 4.6.10　剪力墙边缘构件数据

4.6.2　图形文件输出内容

1. 混凝土构件配筋及验算（见图 4.6.11）

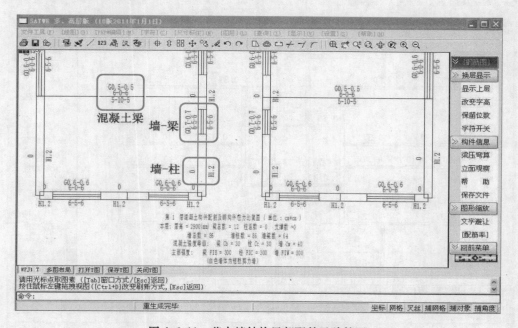

图 4.6.11　剪力墙结构局部配筋及验算图

【分析】"墙-柱"和"墙-梁"是 SATWE 引入的新概念。在 SATWE 软件中，剪力墙是按直线段配筋的，剪力墙的一个配筋墙段称为一个"墙-柱"，一个"墙-柱"可能由一个墙元的一部分组成（如洞口两侧部分），也可能由 PM 模型中的几个墙元连接而成，"墙-梁"是指上、下层剪力墙洞口之间的部分，在配筋计算时按梁的公式配筋。上图表示了"墙-柱"、"墙-梁"的计算方法。数字或字符所代表的含义详见用户手册或软件的帮助文件。

2. 剪力墙边缘构件简图

（1）轴压比计算结果（图 4.6.12）

【新规范链接】2010 版《高规》第 7.2.13 条、7.2.14 条、7.2.2 条相关规定。

▶第 7.2.13 条 重力荷载代表值作用下，一、二、三级剪力墙墙肢的轴压比不宜超过表 4.6.2 的限值。

表 4.6.2 剪力墙墙肢轴压比限值

抗 震 等 级	一级(9 度)	一级(6、7、8 度)	二、三级
轴压比限值	0.4	0.5	0.6

注：墙肢轴压比是指重力荷载代表值作用下墙肢承受的轴压力设计值与墙肢的全截面面积和混凝土轴心抗压强度设计值乘积之比值。

▶第 7.2.14 条 一、二、三级剪力墙底层墙肢底截面的轴压比大于表 4.6.3 的规定值时，以及部分框支剪力墙结构的剪力墙，应在底部加强部位及相邻的上一层设置约束边缘构件。

表 4.6.3 剪力墙可不设约束边缘构件的最大轴压比

等级或烈度	一级(9 度)	一级(6、7、8 度)	二、三级
轴压比	0.1	0.2	0.3

▶第 7.2.2.2 条 一、二、三级短肢剪力墙的轴压比，分别不宜大于 0.45、0.50、0.55，一字形截面短肢剪力墙的轴压比限值应相应减少 0.1。（短肢剪力墙是指截面厚度不大于 300mm、各肢截面高度与厚度之比的最大值大于 4 但不大于 8 的剪力墙）

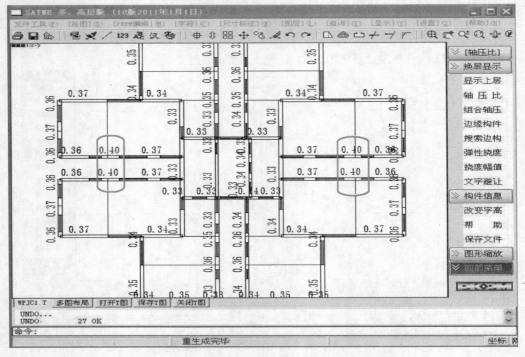

图 4.6.12 剪力墙结构第 1 层轴压比简图

【分析】通过对 1～34 层剪力墙结构中墙-柱轴压比计算结果的分析，发现第 1 层有四处墙-柱轴压比超限，见图 4.6.13 中圈起来的数据（图 4.6.12 中数据显示红色）。从超配筋信息文件中可以得到如图 4.6.13 所示计算过程。

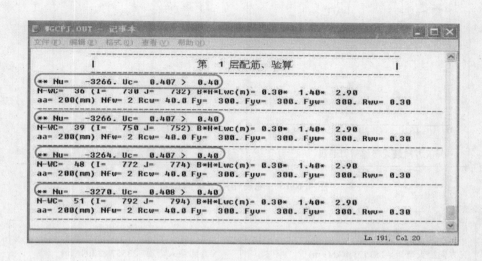

图 4.6.13 第 1 层超配筋信息文件

计算剪力墙的轴压比：Uc = 0.407 和 Uc = 0.408《高规》第 7.2.13 条规定"抗震等级二级的剪力墙，轴压比限值为 0.6"，图 4.6.12 中所示轴压比超限的墙-柱，软件自动判定为"短肢剪力墙"，且是"一字形"截面的短肢剪力墙，根据《高规》7.2.2.2 条规定"二级抗震等级的一字形截面的短肢剪力墙的轴压比限值为 0.4"，因此轴压比计算结果 Uc > 0.4，超规范限值。

调整的方法：可以通过加厚剪力墙的截面或提高混凝土强度等级，调整后重新进行计算，轴压比满足要求。

3. 水平力作用下各层平均侧移简图（图 4.6.14～图 4.6.23）

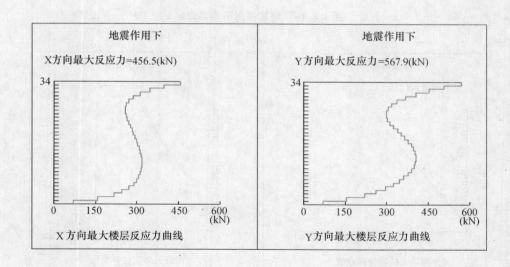

图 4.6.14 地震力

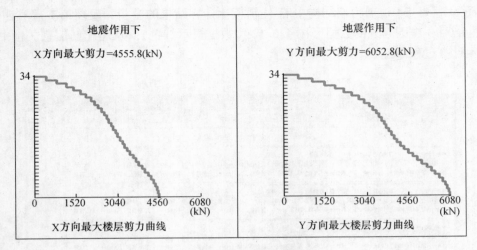

图 4.6.15　地震作用下层间剪力

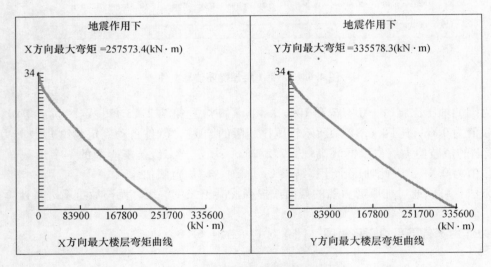

图 4.6.16　地震作用下楼层弯矩

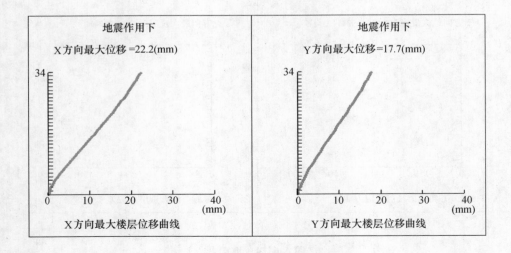

图 4.6.17　地震作用下楼层位移

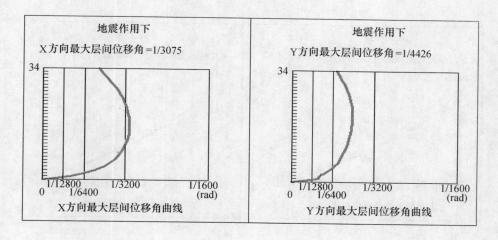

图 4.6.18　地震作用下层间位移角

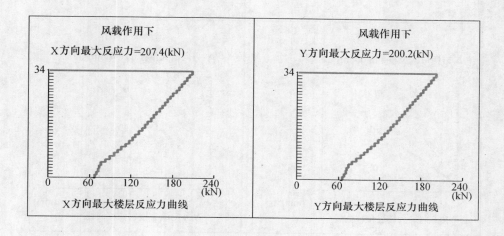

图 4.6.19　风载作用下楼层反应力

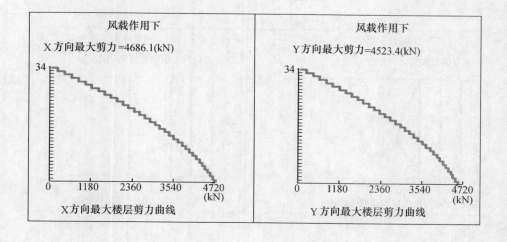

图 4.6.20　风载作用下楼层剪力

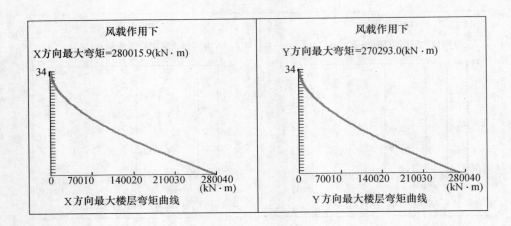

图 4.6.21　风载作用下楼层弯矩

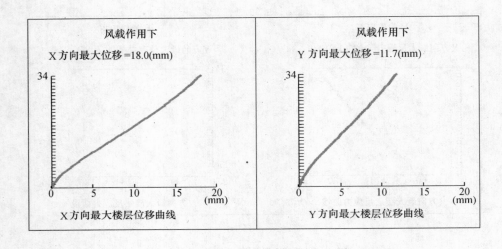

图 4.6.22　风载作用下楼层位移

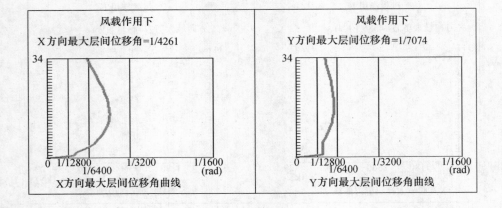

图 4.6.23　风载作用下层间位移角

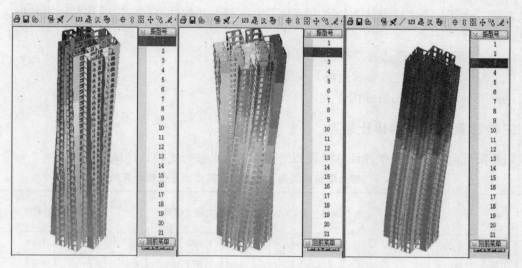

图 4.6.24　剪力墙结构在前三个振型下振动简图

4. 结构整体空间振动简图（图 4.6.24）

本剪力墙结构第一振型为沿 X 向的平动（平动系数 $X = 0.76$），第二振型为扭转（扭转系数 0.76），第三振型为沿 Y 向平动（平动系数 $Y = 1.0$）。周期比大于 0.9，不满足规范要求。进行调整时，可参考三维振型图，寻求最好的调整方案。

5. 剪力墙组合配筋程序

剪力墙组合配筋程序作为 SATWE 配筋计算的一个补充，为剪力墙的合理配筋提供一种补充方法。

6. 剪力墙的稳定验算

本菜单依据《高规》附录 D 中的规定，在立面图中选择单片墙或越层墙后，通过自定义约束条件后即可进行墙体的稳定验算，并将稳定验算的各种参数在文本中显示，如图 4.6.25 所示。

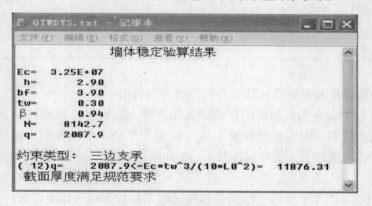

图 4.6.25　墙体稳定验算结果

7. 边缘构件信息修改

通过此项菜单，设计人员可以对剪力墙端部的边缘构件种类（约束边缘构件、构造边缘构件）的改变，达到修改边缘构件信息的目的。

在 SATWE 计算中，程序根据剪力墙端部所处的位置，按要求已经生成了剪力墙约束边缘和构造边缘构件信息。对于生成的结果，如果设计人员想要改变剪力墙边缘构件的种类，则可通过左侧菜单项完成。特别需要注意的是，在经过剪力墙边缘构件信息的修改之后，程序也会同时更新剪力墙边缘构件输出文件（SATBMB.OUT）及其他相关文件的内容，因此，凡是与边缘构件信息有关联的后续功能模块，如要采用新的结果，就应重新处理。为了便于设计人员操作，程序对可以设置边缘构件的部位，用实心圆点加以表示。此外，为了让设计人员更直观地了解该圆点处构件当前的边缘构件种类状况，程序用不同的颜色进行区分：

　　红　色：表示该部位已经按要求生成为约束边缘构件。

　　黄　色：表示该部位已经按要求生成为构造边缘构件。

　　粉红色：表示该部位已无边缘构件。

4.6.3　三种计算方法的结果比较

对采用新旧规范版 PKPM 软件计算结果和简化手算结果进行比较，详见下表 4.6.4 。

表 4.6.4　剪力墙结构周期、地震力及顶点水平位移计算结果

计 算 方 法 / 计 算 结 果	新规范版 PKPM	旧规范版 PKPM	简化手算
X 方向基本周期/s	1.7694	1.702	1.716
Y 方向基本周期/s	1.3687	1.553	1.543
扭转周期/s	1.6664	1.27	—
X 方向风荷载下顶点水平位移/mm	18.0	29	30.1
Y 方向风荷载下顶点水平位移/mm	11.7	17	23.5
X 方向风荷载下最大层间位移角	1/4261	1/2976	1/2402
Y 方向风荷载下最大层间位移角	1/7074	1/4666	1/3081
X 方向地震作用下基底剪力/kN	4555.8	4511	4557
Y 方向地震作用下基底剪力/kN	6052.8	5084	5001
X 方向地震作用下倾覆弯矩/(kN·m)	257573.4	256946	334097
Y 方向地震作用下倾覆弯矩/(kN·m)	335578.3	324295	364414
X 方向地震作用下顶点水平位移/mm	22.2	26	27.1
Y 方向地震作用下顶点水平位移/mm	17.7	21	24
X 方向地震作用下最大层间位移角	1/3075	1/2706	1/2663
Y 方向地震作用下最大层间位移角	1/4426	1/3707	1/3011

　　通过对新旧规范版软件及手算计算结果分析比较可以得出：

　　（1）新、旧规范版 PKPM 扭转周期的计算结果相差较大，而且新版软件计算所得的第二振型为扭转，周期比不满足规范要求，旧版软件计算的第二振型为平动，第三振型为扭转，周期比满足规范要求。本剪力墙结构扭转周期较大，扭转刚度较小，Y 向刚度较大，通过调整内外剪力墙的厚度，形成较大的抗扭刚度。

　　（2）风荷载作用下顶点水平位移、层间位移角三种方法计算结果相差较大。

　　（3）对地震作用下基底剪力和倾覆弯矩的计算新、旧版软件计算结果接近。

　　（4）总的来说，在考虑地震作用下，新规范版 PKPM 计算结果更偏于安全。

4.7　结构方案评议及优化建议

1. 剪力墙结构方案评议

（1）剪力墙结构无薄弱层。

（2）第 1 层局部墙-柱轴压比超限。

（3）地震作用下最大层间位移角 1/4426，规范要求为 1/1000，结构偏刚。

2. 优化建议

（1）调整剪力墙的布置，减小内部剪力墙及外边剪力墙厚度，调整后重新进行计算，周期比满足要求，结果比较理想。

（2）对第 1 层局部墙-柱，通过提高混凝土强度等级或局部加大截面的方法，满足轴压比的要求。

（3）从 10 层以上按楼层在原剪力墙截面的基础上可逐级减小墙截面。

4.8　剪力墙结构施工图

经过 SATWE 计算以后，如果计算输出文件各项参数基本符合规范要求，就可以进入到 PKPM 软件中"墙梁柱施工图"菜单项，完成后续剪力墙和梁配筋施工图设计，如图 4.8.1 和图 4.8.2 所示。

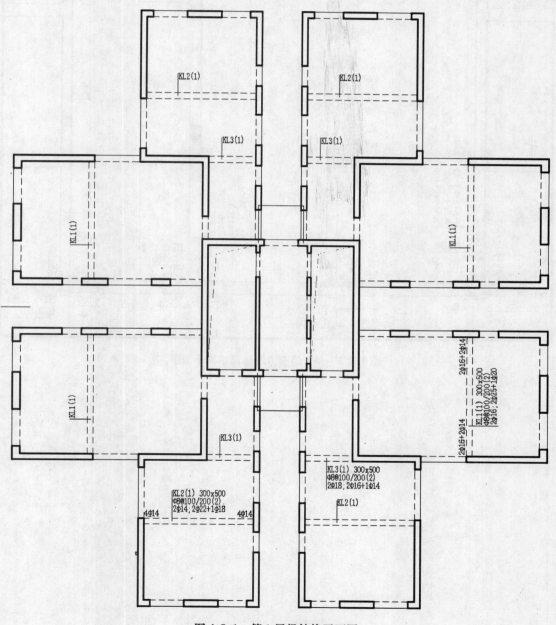

图 4.8.1　第 1 层梁结构平面图

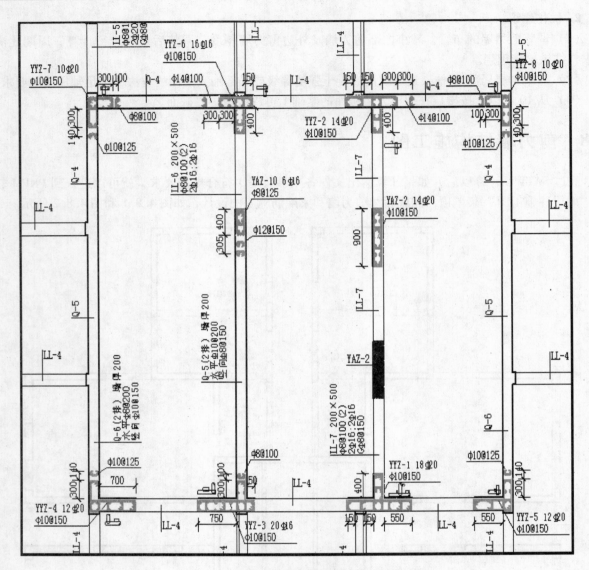

图 4.8.2　第 1 层剪力墙局部结构平面图

第5章　框架-核心筒结构设计

由核心筒与外围的稀柱框架组成的筒体结构称作框架-核心筒结构。随着建筑层数、高度的增加和抗震设防烈度的提高，以平面工作状态为主的三大结构体系——框架、框架-剪力墙、剪力墙结构往往满足不了超高层、大空间建筑的需要。由于高层建筑一般在核心位置都设有竖向电梯和楼梯，这样，在布置结构体系时，既要考虑结构受力的需要，又要充分利用建筑核心空间，将位于建筑中心的剪力墙围成空间薄壁筒体，四周再布置框架结构，从而形成了框架-核心筒结构。其中筒体是竖向悬臂箱形构件，属空间结构，受力性能好，往往承担了大部分的水平力，而周边的框架则主要承担竖向荷载。框架-筒体结构多用于办公楼、酒店和公寓建筑中，由于四周框架柱距一般为8～12m，一方面满足了建筑室内灵活分隔的需要，另一方面有利于地下车库和底层商业大空间的处理，同时可以避免刚度突变、竖向主体结构不连续、结构转换等对高层结构抗震不利的影响。

5.1　框架-核心筒结构的设计要点

1. 一般规定（条文详见《高规》）

（1）对高度不超过60m的框架-核心筒结构，可按框架-剪力墙结构设计（9.1.2条）。

（2）核心筒或内筒的外墙与外框柱间的中距，非抗震设计大于15m、抗震设计大于12m时，宜采取增设内柱等措施（9.1.5条）。

（3）核心筒或内筒的外墙不宜在水平方向连续开洞，洞间墙肢的截面高度不宜小于1.2m；当洞间墙肢的截面高度与厚度之比小于4时，宜按框架柱进行截面设计（9.1.8条）。

（4）楼盖主梁不宜搁置在核心筒或内筒的连梁上（9.1.10条）。

（5）核心筒宜贯通建筑物全高。核心筒的宽度不宜小于筒体总高的1/12，当筒体结构设置角筒、剪力墙或增强结构整体刚度的构件时，核心筒的宽度可适当减小（9.2.1条）。

（6）框架-核心筒结构的周边柱间必须设置框架梁（9.2.3条）。

（7）当内筒偏置、长宽比大于2时，宜采用框架-双筒结构（9.2.6条）。

2. 框架-核心筒结构的最大高度、抗震等级和最大高宽比

框架-核心筒结构最大适用高度、抗震等级和最大高宽比的确定见表5.1.1（《高规》表3.3.1，3.3.2，3.9.3）。

表5.1.1　框架-核心筒结构最大高度、抗震等级和最大高宽比

设防烈度			6		7		8 (0.2g)		8 (0.3g)		9
最大适用高度/m		框架-核心筒	150 [160]		130		100		90		70	
抗震等级		高度/m	≤80	>80	≤80	>80	≤80	>80	≤80	>80	≤60
	框架-核心筒	框架	三		二		一		一		一
		核心筒	二		二		一		一		一
最大高宽比			7 [8]		7		6				4

说明：1. 建筑场地为Ⅰ类时，除6度外应允许按表内降低一度所对应的抗震等级采取抗震构造措施，但相应的计算要求不应降低。

2. [ ]内数字用于非抗震设计。

3. 当框架-核心筒结构的高度不超过60m时，其抗震等级应允许按框架-剪力墙结构采用。

3. 框架-核心筒结构中内筒设计要求（详见《高规》第9.1.7条）

（1）墙肢宜均匀、对称布置。

（2）筒体角部附近不宜开洞，当不可避免时，筒角内壁至洞口的距离不应小于 500mm 和开洞墙截面厚度的较大值。

（3）筒体墙的水平、竖向配筋不应少于两排，其最小配筋率应符合《高规》第 7.2.17 条的规定。

（4）抗震设计时，核心筒、内筒的连梁宜配置对角斜向钢筋或交叉暗撑。

（5）筒体墙的加强部位高度、轴压比限值、边缘构件设置以及截面设计，应符合本《高规》第 7 章的有关规定。

4. 筒体墙厚度的确定

筒体墙应按《高规》附录 D 验算墙体稳定，且外墙厚度不应小于 200mm，内墙厚度不应小于 160mm，必要时可设置扶壁柱或扶壁墙（《高规》第 7.2.1 条）。首次建模时，筒体墙可按照表 5.1.2 给出的数据初步确定一个厚度，通过计算后再进行调整。

表 5.1.2　框架-核心筒中筒体墙厚初步估计　　　　　　　　（单位：mm）

设防烈度 ＼ 层数	25	30	35	40	45	50
6 度	350	400	450	500	550	600
7 度	400	450	500	550	600	650
8 度	450	500	550	600	650	700

5.2　框架-核心筒结构设计经典范例

某一 30 层高层酒店，总高度 98.7m，采用双向现浇钢筋混凝土框架-核心筒结构，平面如图 5.2.1 所示。该工程底部为 7 层商业用房、第 8 层为酒店内部办公兼设备管道层，9～30 层为客房，下设 2 层地下室，主要用作停车库和设备用房。地处 7 度抗震设防区域，场地为 Ⅱ 类，地震分组为第一组。基本风压为 $0.385kN/m^2$，地面粗糙度为 C 类，丙类建筑。

1. 设计基本条件

（1）建筑结构安全等级：二级

（2）结构重要性系数：1.0

（3）环境类别：地面以上为一类，地面以下为二 a 类

（4）风荷载

基本风压：$0.385kN/m^2$

地面粗糙度：C 类

（5）地震参数

抗震设防烈度：7 度

设计基本地震加速度：$0.1g$

地震分组：第一组

建筑场地类别：Ⅱ 类

特征周期 T_g（秒）：0.35

抗震设防类别：标准设防类（丙类）

框架抗震等级：二级

核心筒抗震等级：二级

2. 主要结构材料

各层梁、板、柱采用的混凝土强度等级和钢筋牌号见表 5.2.1，为了同原范例进行比较，取和范例一致的材料。

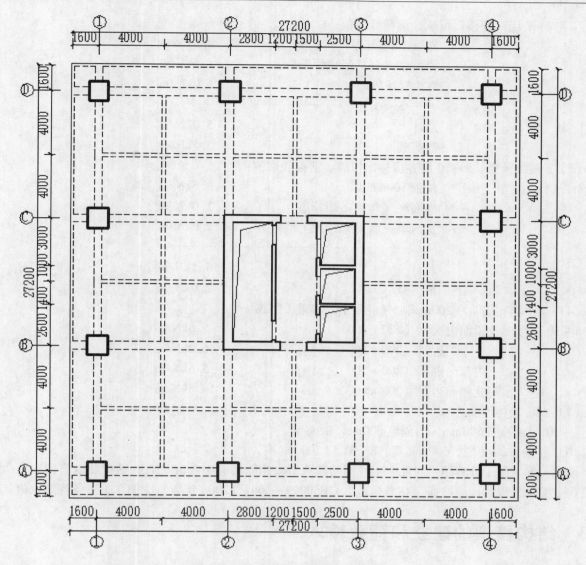

图 5.2.1　框架-核心筒结构平面图

表 5.2.1　混凝土强度等级和钢筋牌号

构件名称		柱		墙		梁		板	
		纵筋	箍筋	受力钢筋	分布钢筋	纵筋	箍筋	受力钢筋	分布钢筋
钢筋牌号		HRB335	HPB235	HRB335	HPB235	HRB335	HPB235	HRB335	HPB235
混凝土强度等级	1~10 层	C40		C40		C30		C30	
	11~30 层	C30		C30		C30		C30	

3. 设计荷载取值

（1）屋面恒载、活荷载取值：

板厚 100mm	2.5kN/m²
屋面保温防水	2.6kN/m²
吊顶（管道）或板底粉刷	0.4kN/m²
总计	5.5kN/m²
活荷载（上人屋面）	2.0kN/m²

（2）2~7 层商业楼面恒载、活荷载取值：

楼板 100mm 厚	$2.5 kN/m^2$
粉面底（包括吊顶管道）	$1.5 kN/m^2$
室内轻质隔墙（满计）	$1.0 kN/m^2$
总计	$5.0 kN/m^2$
活荷载	$3.5 kN/m^2$

（3）8 层办公楼，9~30 层客房楼面恒载、活荷载取值：

楼板 100mm 厚	$2.5 kN/m^2$
楼面底（包括吊顶管道）	$1.0 kN/m^2$
室内填充墙（未计梁上墙重）	$2.0 kN/m^2$
总计	$5.5 kN/m^2$
活荷载	$2.0 kN/m^2$

（4）梁上填充墙重（200mm 加气混凝土，容重 13 kN/m^2）

8~30 层楼面及屋面内次梁（220×500）	5.6kN/m
边梁（200×500）	6.2kN/m
内双向框梁（200×500）	5.6kN/m
1~7 层商业楼面边梁（200×600）	10.6kN/m

（5）核心筒体厚度

1~30 层，外筒 500mm，内隔墙 200mm。

（6）连梁：2~7 层，600mm 高，8~31 层 500mm 高。

说明：为了便于计算结果对比，上述活荷载取值参照原实例中数值（有些活荷载取值偏小），设计人员在做实际工程时，应按照《荷载规范》GB50009—2001（2006 年版）中第 4.1.1 条规定取值。

5.3 结构模型的建立和荷载输入

通过 PMCAD，输入结构计算模型如图 5.3.1 所示，梁板柱截面见表 5.3.1，荷载如图 5.3.2 所示。

表 5.3.1 框架-核心筒结构模型参数 （单位：mm）

自然层	标准层	层高	边柱	角柱	核心筒		混凝土强度等级
					外筒	内隔墙	
1~4	1	4200	1250×1250	1200×1200	500	200	C40
5~6	2	4200	1150×1150	1100×1100	500	200	C40
7	3	4200	1150×1150	1100×1100	500	200	C40
8	4	3300	1150×1150	1100×1100	500	200	C40
9~10	5	3000	1150×1150	1100×1100	500	200	C40
11~13	6	3000	1100×1100	1100×1100	500	200	C30
14~16	7	3000	1050×1050	1000×1000	500	200	C30
17~20	8	3000	900×900	900×900	500	200	C30
21~23	9	3000	800×800	800×800	500	200	C30
24~29	10	3000	650×650	650×650	500	200	C30
30	11	3000	650×650	650×650	500	200	C30

表 5.3.1 续　框架-核心筒结构模型参数　　　　　　　　　（单位：mm）

自然层	标准层	层高	内次梁	边梁	内双向框梁	边框梁	混凝土强度等级
1~4	1	4200	220×600	200×600	500×600	500×600	C30
5~6	2	4200	220×600	200×600	500×600	500×600	C30
7	3	4200	220×600	200×600	500×600	500×600	C30
8	4	3300	220×500	200×500	500×500	500×500	C30
9~10	5	3000	220×500	200×500	500×500	500×500	C30
11~13	6	3000	220×500	200×500	500×500	500×500	C30
14~16	7	3000	220×500	200×500	500×500	500×500	C30
17~20	8	3000	220×500	200×500	500×500	500×500	C30
21~23	9	3000	220×500	200×500	500×500	500×500	C30
24~29	10	3000	220×500	200×500	500×500	500×500	C30
30	11	3000	220×500	200×500	500×500	500×500	C30

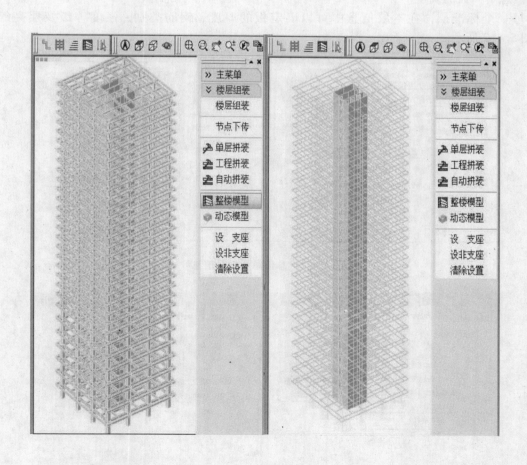

图 5.3.1　框架-核心筒结构计算模型

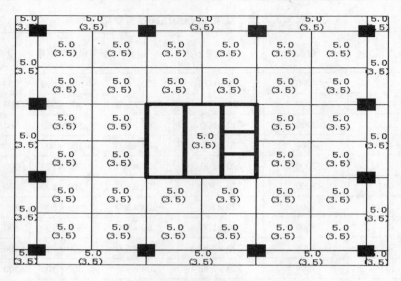

图 5.3.2 楼面恒载（活载）图

5.4 设计参数选取

本层信息中参数的确定

对于每一个标准层，在本层信息中可以确定板的厚度、钢筋类别、强度等级及层高等，如图 5.4.1、图 5.4.2 所示。

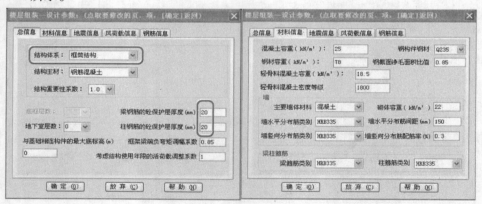

图 5.4.1 总信息和材料信息

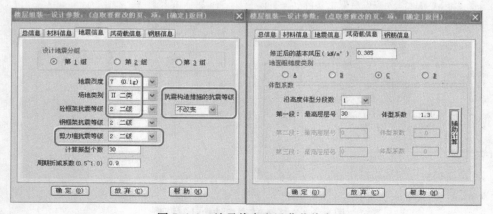

图 5.4.2 地震信息和风荷载信息

5.5　结构内力和配筋计算

1. SATWE 计算参数确定

接 PMCAD 生成 SATWE 数据，执行 SATWE 前处理菜单，其中第 1 和第 6 项必须执行，通过第 5 项菜单，设计人员可以在多塔定义中对程序默认的底部加强区根据自己的需要进行修改，如图 5.5.1 所示。参数取值及说明详见第 1 章有关内容，页面信息参见图 5.5.2 ~ 图 5.5.7。

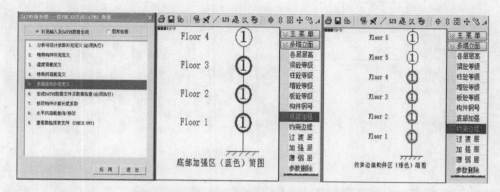

图 5.5.1　核心筒底部加强区和约束边缘构件

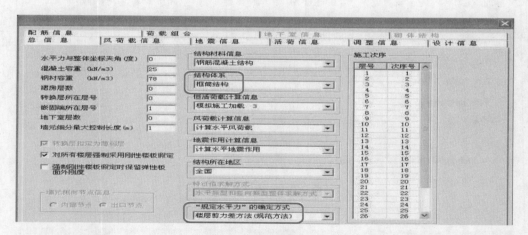

图 5.5.2　总信息

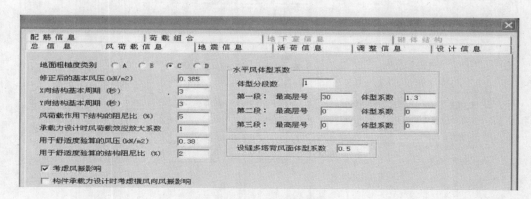

图 5.5.3　风荷载信息

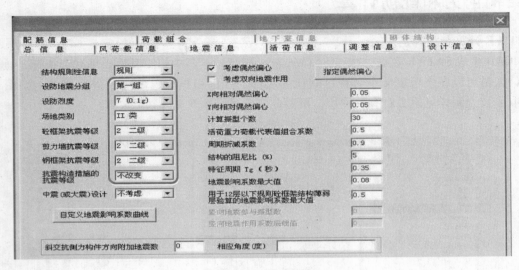

图 5.5.4　地震信息

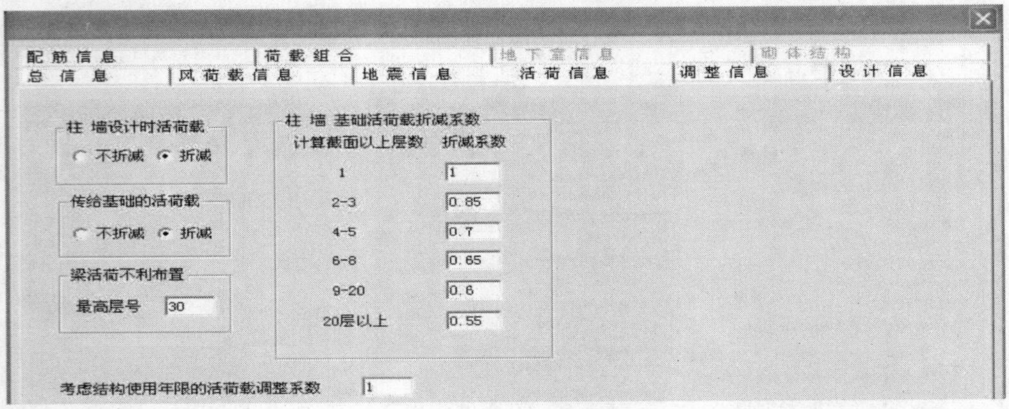

图 5.5.5　活荷载信息

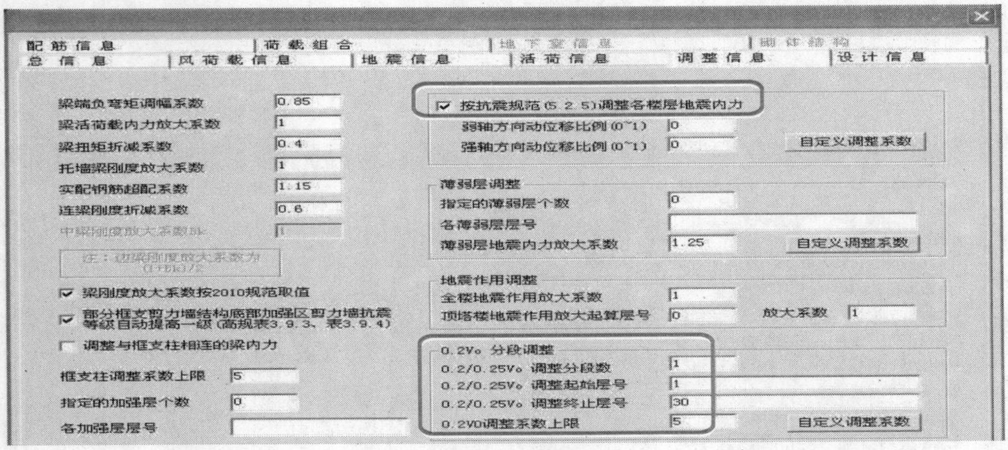

图 5.5.6　调整信息

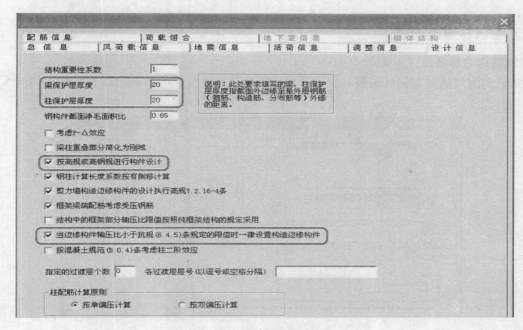

图 5.5.7 设计信息

5.6 结构计算结果分析对比

执行 SATWE 第四项菜单"分析结果图形和文本显示",计算结果包括图形输出和文本输出两部分,如下图 5.6.1 所示。对框架-核心筒结构来说,图形文件输出包含 17 项内容,设计人员需重点查看 2、3、9、13、15、16、17 项菜单的内容。文本输出文件共 12 项内容,需重点查看第 1、2、3、6、9、10 项菜单的内容。

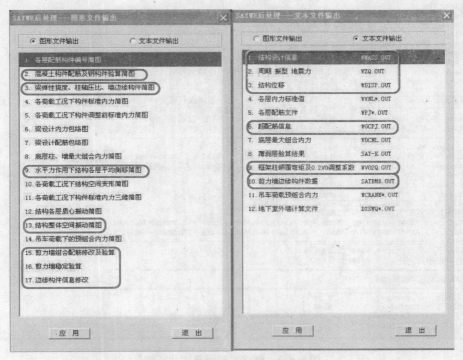

图 5.6.1 图形文件和文本文件输出

5.6.1　文本文件输出内容

1. 建筑结构的总信息（WMASS. OUT）

重点关注剪力墙底部加强区层数，层刚度比、刚重比、楼层受剪承载力计算结果，见图 5.6.2 ~ 图 5.6.4。

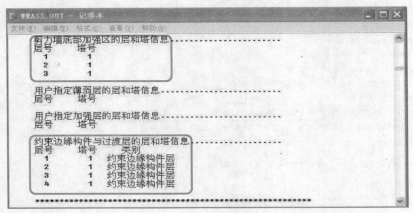

图 5.6.2　核心筒底部加强区层数

【分析】本工程总高 98.7m，1 ~ 3 层层高 4200mm，剪力墙底部加强区高度：

$$H_s = Max（8.4，98.7/10）= 9.87m$$

剪力墙底部加强区最高层号：$N_{S1} = 3$，$N_S = 3$，因此，底部三层为加强区（图 5.6.2）。

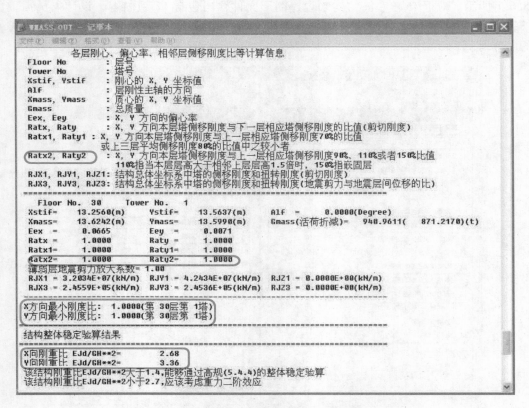

图 5.6.3　刚度比和刚重比计算结果

【新规范链接】2010 版《高规》第 3.5.2 条和 3.5.8 条关于刚度比规定，第 5.4.1 条和 5.4.4 条关于刚重比相关规定。

▶**第 3.5.2 条**　抗震设计时，高层建筑相邻楼层的侧向刚度变化应符合下列规定：

对框架-核心筒结构，本层与相邻上层的比值不宜小于 0.9；当本层层高大于相邻上层层高的 1.5 倍时，该比值不宜小于 1.1；对结构底部嵌固层，该比值不宜小于 1.5。

▶**第 3.5.8 条**　刚度变化不符合第 3.5.2 条要求的楼层，其对应于地震作用标准值的剪力应乘以 1.25 的增大系数。

▶**第 5.4.1 条**　当高层筒体结构满足下列规定时，弹性计算分析时可不考虑重力二阶效应的不利影响。

$$EJ_{\mathrm{d}} \geqslant 2.7H^2 \sum_{i=1}^{n} G_j$$

▶**第 5.4.4 条**　**高层筒体结构的整体稳定性应符合下列规定：**

$$EJ_{\mathrm{d}} \geqslant 1.4H^2 \sum_{i=1}^{n} G_j$$

【分析】该框架-核心筒结构最小刚度比为 1.0（第 30 层），满足规范要求，不存在薄弱层，刚重比计算结果也符合要求（图 5.6.3）。

WMASS.OUT － 记事本

文件(F)　编辑(E)　格式(O)　查看(V)　帮助(H)

```
*************************************************************************
*                       楼层抗剪承载力、及承载力比值                       *
*************************************************************************

    Ratio_Bu: 表示本层与上一层的承载力之比
```

层号	塔号	X向承载力	Y向承载力	Ratio_Bu:X	Ratio_Bu:Y
30	1	0.1159E+05	0.1446E+05	1.00	1.00
29	1	0.1300E+05	0.1591E+05	1.12	1.10
28	1	0.1420E+05	0.1714E+05	1.09	1.08
27	1	0.1526E+05	0.1824E+05	1.08	1.06
26	1	0.1612E+05	0.1914E+05	1.06	1.05
25	1	0.1687E+05	0.1993E+05	1.05	1.04
24	1	0.1746E+05	0.2055E+05	1.03	1.03
23	1	0.2347E+05	0.2660E+05	1.34	1.29
22	1	0.2436E+05	0.2754E+05	1.04	1.04
21	1	0.2511E+05	0.2832E+05	1.03	1.03
20	1	0.3092E+05	0.3418E+05	1.23	1.21
19	1	0.3185E+05	0.3514E+05	1.03	1.03
18	1	0.3265E+05	0.3598E+05	1.03	1.02
17	1	0.3333E+05	0.3671E+05	1.02	1.02
16	1	0.4340E+05	0.4681E+05	1.30	1.28
15	1	0.4443E+05	0.4788E+05	1.02	1.02
14	1	0.4535E+05	0.4884E+05	1.02	1.02
13	1	0.5166E+05	0.5519E+05	1.14	1.13
12	1	0.5265E+05	0.5620E+05	1.02	1.02
11	1	0.5347E+05	0.5703E+05	1.02	1.01
10	1	0.6438E+05	0.6850E+05	1.20	1.20
9	1	0.6566E+05	0.6980E+05	1.02	1.02
8	1	0.6105E+05	0.6498E+05	0.93	0.93
7	1	0.5103E+05	0.5480E+05	0.84	0.84
6	1	0.5192E+05	0.5567E+05	1.02	1.02
5	1	0.5272E+05	0.5640E+05	1.02	1.01
4	1	0.6179E+05	0.6544E+05	1.17	1.16
3	1	0.6348E+05	0.6740E+05	1.03	1.03
2	1	0.6435E+05	0.6828E+05	1.01	1.01
1	1	0.6516E+05	0.6962E+05	1.01	1.00

X方向最小楼层抗剪承载力之比:　0.84　层号:　7　塔号:　1

Y方向最小楼层抗剪承载力之比:　0.84　层号:　7　塔号:　1

图 5.6.4　楼层受剪承载力及承载力比值

【新规范链接】2010 版《高规》第 3.5.3 关于楼层受剪承载力规定：

▶**第 3.5.3 条**　A 级高度高层建筑的楼层抗侧力结构的层间受剪承载力不宜小于其相邻上一层受剪

承载力的 80%，不应小于其相邻上一层受剪承载力的 65%；B 级高度高层建筑的楼层抗侧力结构的层间受剪承载力不应小于其相邻上一层受剪承载力的 75%。

【分析】该框架-核心筒结构的最小楼层受剪承载力比值为 0.84（X、Y 方向，第 7 层），满足规范要求，因此不存在薄弱层（图 5.6.4）。

2. 周期、地震力与振型输出文件（WZQ. OUT）

（1）周期比计算结果（图 5.6.5）

WZQ.OUT - 记事本

文件(F)　编辑(E)　格式(O)　查看(V)　帮助(H)

周期、地震力与振型输出文件
(VSS求解器)

考虑扭转耦联时的振动周期(秒)、X,Y 方向的平动系数、扭转系数

振型号	周 期	转 角	平动系数 (X+Y)	扭转系数
1	3.1991	0.40	1.00 (1.00+0.00)	0.00
2	3.0217	90.40	1.00 (0.00+1.00)	0.00
3	2.3312	87.70	0.00 (0.00+0.00)	1.00
4	0.8880	0.12	1.00 (1.00+0.00)	0.00
5	0.7622	90.74	0.00 (0.00+0.00)	1.00
6	0.6987	90.12	1.00 (0.00+1.00)	0.00
7	0.4230	0.12	0.99 (0.99+0.00)	0.01
8	0.4224	172.33	0.01 (0.01+0.00)	0.99
9	0.2875	90.05	1.00 (0.00+1.00)	0.00
10	0.2803	89.96	0.00 (0.00+0.00)	1.00
11	0.2636	0.01	1.00 (1.00+0.00)	0.00
12	0.2058	87.13	0.00 (0.00+0.00)	1.00
13	0.1846	179.98	1.00 (1.00+0.00)	0.00
14	0.1658	90.02	1.00 (0.00+1.00)	0.00
15	0.1598	87.39	0.00 (0.00+0.00)	1.00
16	0.1380	179.95	1.00 (1.00+0.00)	0.00
17	0.1292	98.49	0.00 (0.00+0.00)	1.00
18	0.1138	89.98	1.00 (0.00+1.00)	0.00
19	0.1084	91.91	0.00 (0.00+0.00)	1.00
20	0.1074	179.92	1.00 (1.00+0.00)	0.00
21	0.0933	99.57	0.00 (0.00+0.00)	1.00
22	0.0869	179.90	1.00 (1.00+0.00)	0.00
23	0.0854	89.96	1.00 (0.00+1.00)	0.00
24	0.0813	111.05	0.00 (0.00+0.00)	1.00
25	0.0727	179.86	1.00 (1.00+0.00)	0.00
26	0.0720	130.77	0.00 (0.00+0.00)	1.00
27	0.0677	89.93	1.00 (0.00+1.00)	0.00
28	0.0645	101.55	0.00 (0.00+0.00)	1.00
29	0.0618	179.84	1.00 (1.00+0.00)	0.00
30	0.0585	100.52	0.00 (0.00+0.00)	1.00

地震作用最大的方向 = 0.238 (度)

Ln 1, Col 1

图 5.6.5　周期计算结果

【新规范链接】2010 版《高规》第 3.4.5 条、第 9.2.5 条相关规定

▶**第 3.4.5 条**　结构扭转为主的第一自振周期 T_t 与平动为主的第一自振周期 T_1 之比，A 级高度高层建筑不应大于 0.9，B 级高度高层建筑、超过 A 级高度的混合结构及本规程第 10 章所指的复杂高层建筑不应大于 0.85。

▶**第 9.2.5 条**　对内筒偏置的框架-筒体结构，应控制结构在考虑偶然偏心影响的规定地震力作用下，最大楼层水平位移和层间位移不应大于该楼层平均值的 1.4 倍，结构扭转为主的第一自振周期 T_t 与平动为主的第一自振周期 T_1 之比不应大于 0.85，且 T_1 的扭转成分不宜大于 30%。

【分析】本工程第一振型为 X 向平动（平动系数为 1.0），第二振型为 Y 向平动（平动系数为 1.00），第三振型为扭转（扭转系数为 1.0），周期比为 2.3312/3.1991 = 0.73 < 0.9，满足规范要求。

（2）X、Y 方向的剪重比，有效质量系数计算结果（图 5.6.6、图 5.6.7）

```
WZQ.OUT - 记事本                                                               _ □ X
文件(F)  编辑(E)  格式(O)  查看(V)  帮助(H)
Floor   Tower      Fx            Ux (分塔剪重比)(整层剪重比)        Mx          Static Fx
                   (kN)          (kN)                          (kN-m)       (kN)
                        (注意:下面分塔输出的剪重比不适合于上连多塔结构)

  30      1       463.81        463.81( 5.32%)    ( 5.32%)      1391.44       1427.14
  29      1       409.01        866.24( 4.75%)    ( 4.75%)      3984.15        236.25
  28      1       342.69       1180.14( 4.26%)    ( 4.26%)      7495.52        228.85
  27      1       311.56       1430.15( 3.84%)    ( 3.84%)     11718.67        221.44
  26      1       298.80       1635.57( 3.50%)    ( 3.50%)     16476.63        214.03
  25      1       295.09       1809.36( 3.22%)    ( 3.22%)     21684.17        206.63
  24      1       298.91       1961.97( 2.98%)    ( 2.98%)     27256.80        199.22
  23      1       308.72       2104.13( 2.79%)    ( 2.79%)     33148.60        195.76
  22      1       311.87       2237.80( 2.63%)    ( 2.63%)     39330.04        188.21
  21      1       315.38       2366.09( 2.49%)    ( 2.49%)     45784.46        180.65
  20      1       320.77       2492.78( 2.38%)    ( 2.38%)     52506.02        175.82
  19      1       319.90       2616.19( 2.28%)    ( 2.28%)     59493.76        168.14
  18      1       320.38       2736.25( 2.20%)    ( 2.20%)     66748.23        160.46
  17      1       319.08       2852.81( 2.12%)    ( 2.12%)     74270.27        152.78
  16      1       323.47       2967.84( 2.06%)    ( 2.06%)     82061.34        148.53
  15      1       321.87       3078.20( 1.99%)    ( 1.99%)     90120.73        140.67
  14      1       320.90       3183.56( 1.93%)    ( 1.93%)     98444.95        132.81
  13      1       323.43       3284.84( 1.88%)    ( 1.88%)    107028.67        126.53
  12      1       325.48       3381.08( 1.83%)    ( 1.83%)    115864.41        118.57
  11      1       329.37       3473.56( 1.78%)    ( 1.78%)    124943.53        118.62
  10      1       333.73       3564.01( 1.73%)    ( 1.73%)    134258.00        103.34
   9      1       339.42       3653.32( 1.69%)    ( 1.69%)    143800.80         95.33
   8      1       357.87       3746.56( 1.66%)    ( 1.66%)    154555.45         89.40
   7      1       405.18       3853.65( 1.62%)    ( 1.62%)    168626.12         88.79
   6      1       412.12       3958.07( 1.59%)    ( 1.59%)    183108.38         75.16
   5      1       419.74       4063.80( 1.56%)    ( 1.56%)    197990.61         62.63
   4      1       413.50       4171.06( 1.53%)    ( 1.53%)    213268.00         51.41
   3      1       389.91       4269.69( 1.50%)    ( 1.50%)    228932.97         38.56
   2      1       320.54       4348.18( 1.47%)    ( 1.47%)    244964.97         25.70
   1      1       151.85       4384.52( 1.42%)    ( 1.42%)    261318.50         12.85

  抗震规范(5.2.5)条要求的X向楼层最小剪重比  =   1.60%

  X 方向的有效质量系数:    98.52%
                                                                         Ln 1, Col 1
```

图 5.6.6　X 向楼层剪重比计算结果

```
WZQ.OUT - 记事本                                                               _ □ X
文件(F)  编辑(E)  格式(O)  查看(V)  帮助(H)
Floor   Tower      Fy            Uy (分塔剪重比)(整层剪重比)        My          Static Fy
                   (kN)          (kN)                          (kN-m)       (kN)
                        (注意:下面分塔输出的剪重比不适合于上连多塔结构)

  30      1       540.85        540.85( 6.21%)    ( 6.21%)      1622.56       1381.94
  29      1       480.45       1018.33( 5.59%)    ( 5.59%)      4674.80        243.19
  28      1       384.83       1387.29( 5.00%)    ( 5.00%)      8821.59        235.57
  27      1       324.22       1664.51( 4.47%)    ( 4.47%)     13767.70        227.95
  26      1       302.65       1873.27( 4.01%)    ( 4.01%)     19278.52        220.32
  25      1       303.64       2035.81( 3.62%)    ( 3.62%)     25183.41        212.70
  24      1       311.03       2168.81( 3.30%)    ( 3.30%)     31366.04        205.08
  23      1       326.00       2286.22( 3.03%)    ( 3.03%)     37752.75        201.52
  22      1       334.44       2393.83( 2.81%)    ( 2.81%)     44298.91        193.74
  21      1       341.08       2496.94( 2.63%)    ( 2.63%)     50981.66        185.96
  20      1       349.68       2600.19( 2.48%)    ( 2.48%)     57792.79        180.98
  19      1       350.95       2703.08( 2.36%)    ( 2.36%)     64736.56        173.08
  18      1       352.84       2805.72( 2.25%)    ( 2.25%)     71822.39        165.18
  17      1       354.75       2908.43( 2.17%)    ( 2.17%)     79062.52        157.27
  16      1       362.41       3013.73( 2.09%)    ( 2.09%)     86468.28        152.89
  15      1       359.15       3118.11( 2.02%)    ( 2.02%)     94055.36        144.80
  14      1       357.93       3219.82( 1.96%)    ( 1.96%)    101836.35        136.71
  13      1       366.20       3320.96( 1.90%)    ( 1.90%)    109819.41        130.25
  12      1       373.35       3420.89( 1.85%)    ( 1.85%)    118013.16        122.06
  11      1       380.28       3523.57( 1.80%)    ( 1.80%)    126426.94        113.87
  10      1       388.66       3631.07( 1.77%)    ( 1.77%)    135071.62        106.37
   9      1       395.72       3744.87( 1.74%)    ( 1.74%)    143962.06         98.13
   8      1       413.97       3870.18( 1.71%)    ( 1.71%)    154040.97         92.03
   7      1       465.23       4019.47( 1.69%)    ( 1.69%)    167396.45         91.40
   6      1       460.43       4169.02( 1.67%)    ( 1.67%)    181348.22         77.37
   5      1       456.36       4317.59( 1.65%)    ( 1.65%)    195917.27         64.47
   4      1       454.71       4465.58( 1.64%)    ( 1.64%)    211110.22         52.92
   3      1       406.02       4599.89( 1.62%)    ( 1.62%)    226921.34         39.69
   2      1       298.12       4700.19( 1.59%)    ( 1.59%)    243316.41         26.46
   1      1       137.69       4745.86( 1.54%)    ( 1.54%)    260217.81         13.23

  抗震规范(5.2.5)条要求的V向楼层最小剪重比  =   1.60%

  V 方向的有效质量系数:    97.74%
                                                                         Ln 1, Col 1
```

图 5.6.7　Y 向楼层剪重比计算结果

【新规范链接】2010 版《高规》《抗规》相关规定:

▶《抗规》第 5.2.5 条 和《高规》第 4.3.12 条　抗震验算时，结构各楼层对应于地震作用标准值的剪力应符合下式:

$$V_{EKi} \geq \lambda \sum_{j=i}^{n} G_j$$

V_{EKi}——第 i 层对应于水平地震作用标准值的楼层剪力；

λ——剪力系数，不应小于表 5.6.1 规定的楼层最小地震剪力系数值，对竖向不规则结构的薄弱层，尚应乘以 1.15 的增大系数；

G_j——第 j 层的重力荷载代表值。

表 5.6.1　楼层最小地震剪力系数值

类　别	6 度	7 度	8 度	9 度
扭转效应明显或基本周期小于 3.5s 的结构	0.008	0.016(0.024)	0.032(0.048)	0.064
基本周期大于 5.0s 的结构	0.006	0.012(0.018)	0.024(0.036)	0.048

注：1. 基本周期介于 3.5s 和 5s 之间的结构，按插入法取值。

　　2. 括号内数值分别用于设计基本地震加速度为 0.15g 和 0.30g 的地区。

▶《抗规》第 5.2.2 条文说明和《高规》第 4.3.10 条文说明，"振型个数一般可取振型参与质量达到总质量的 90% 所需的振型数"。

【分析】从上两图可以看出，X 向楼层剪重比（1~6 层）和 Y 向楼层剪重比（1~2 层）计算结果均小于规范要求的最小剪重比 1.6%，不满足规范要求，需进行调整。新版 SATWE 软件按照《抗规》第 5.2.5 的条文说明，当首层地震剪力不满足要求需进行调整时，对其上部所有楼层进行调整，且同时调整位移和倾覆力矩，如图 5.6.8 所示。调整前和调整后的数据文件保存在 WWNL*.OUT 中。这里需要提醒设计人员注意："当底部总剪力相差较大时，结构的选型和总体布置需重新调整，不能仅采用乘以增大系数的方法处理"，即应修改结构布置，增加结构的刚度，使计算的剪重比能自然满足规范要求。

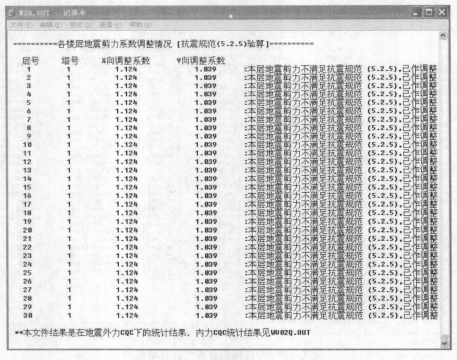

图 5.6.8　各楼层地震剪力系数调整

3. SATWE 位移输出文件（WDISP.OUT）

（1）扭转位移比和层间位移角（图 5.6.9、图 5.6.10）

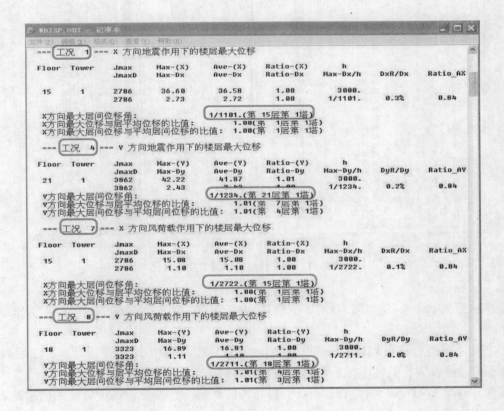

图 5.6.9　位移比计算结果

图 5.6.10　位移角计算结果

【新规范链接】2010 版《高规》3.4.5 条、9.2.5 条、3.7.3 条，《抗规》5.5.1 条相关规定：

▶《高规》第 3.4.5 条　在考虑偶然偏心影响的规定水平地震力作用下，楼层竖向构件最大的水平位移和层间位移，A 级高度高层建筑不宜大于该楼层平均值的 1.2 倍，不应大于该楼层平均值的 1.5 倍；B 级高度高层建筑、超过 A 级高度的混合结构及本规程第 10 章所指的复杂高层建筑不宜大于该楼层平均值的 1.2 倍，不应大于该楼层平均值的 1.4 倍。

▶《高规》第 9.2.5 条　对内筒偏置的框架-筒体结构，应控制结构在考虑偶然偏心影响的规定地震力作用下，最大楼层水平位移和层间位移不应大于该楼层平均值的 1.4 倍。

▶《高规》第 3.7.3 条、《抗规》第 5.5.1 条：

框架-核心筒弹性层间位移角限值：　$[\theta_e] = \Delta u/h \leqslant 1/800$

需要提醒设计人员注意：水平位移限值针对的是风荷载或多遇地震作用标准值作用下结构分析所得到的位移计算值。因此在计算位移角时，不考虑质量偶然偏心，不选择“强制刚性楼板假定”。

【分析】在工况 12、13、15、16 下，框架-核心筒结构最大位移比为 1.2，在工况 1、4、7、8 下，最大位移角为 1/1101，因此位移比和位移角满足规范限值。

4. 楼层地震作用调整信息（WV02Q.OUT）（图 5.6.11、图 5.6.12）

【新规范链接】2010 版《高规》第 9.1.9、第 9.1.11 条相关规定。

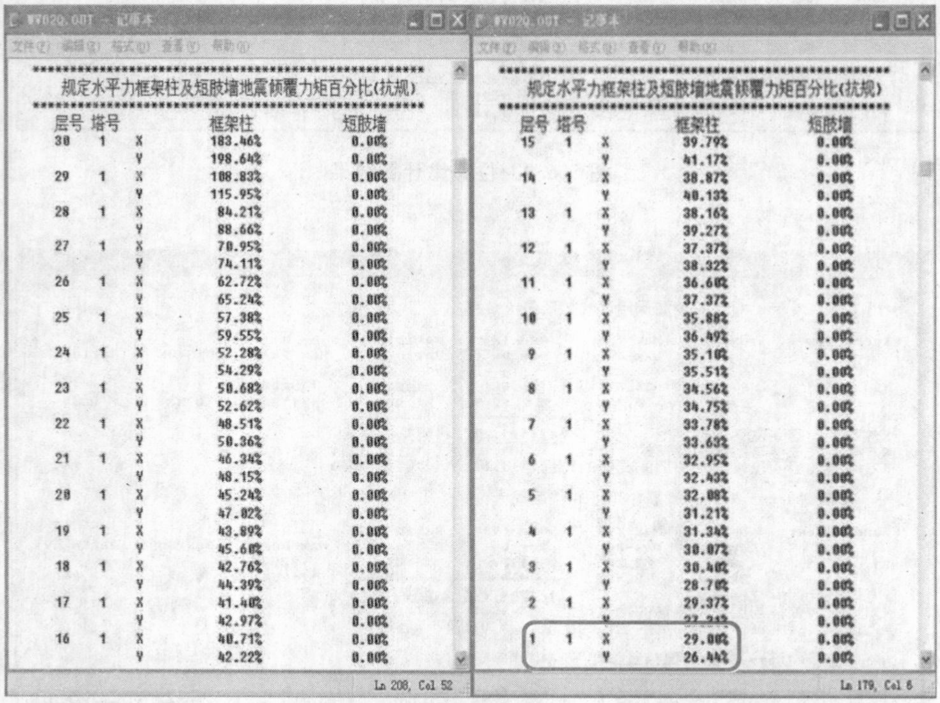

规定水平力框架柱及短肢墙地震倾覆力矩百分比(抗规)

层号	塔号		框架柱	短肢墙
30	1	X	183.46%	0.00%
		Y	198.64%	0.00%
29	1	X	108.83%	0.00%
		Y	115.95%	0.00%
28	1	X	84.21%	0.00%
		Y	88.66%	0.00%
27	1	X	70.95%	0.00%
		Y	74.11%	0.00%
26	1	X	62.72%	0.00%
		Y	65.24%	0.00%
25	1	X	57.38%	0.00%
		Y	59.55%	0.00%
24	1	X	52.28%	0.00%
		Y	54.29%	0.00%
23	1	X	50.68%	0.00%
		Y	52.62%	0.00%
22	1	X	48.51%	0.00%
		Y	50.36%	0.00%
21	1	X	46.34%	0.00%
		Y	48.15%	0.00%
20	1	X	45.24%	0.00%
		Y	47.02%	0.00%
19	1	X	43.89%	0.00%
		Y	45.60%	0.00%
18	1	X	42.76%	0.00%
		Y	44.39%	0.00%
17	1	X	41.40%	0.00%
		Y	42.97%	0.00%
16	1	X	40.71%	0.00%
		Y	42.22%	0.00%
15	1	X	39.79%	0.00%
		Y	41.17%	0.00%
14	1	X	38.87%	0.00%
		Y	40.13%	0.00%
13	1	X	38.16%	0.00%
		Y	39.27%	0.00%
12	1	X	37.37%	0.00%
		Y	38.32%	0.00%
11	1	X	36.60%	0.00%
		Y	37.37%	0.00%
10	1	X	35.88%	0.00%
		Y	36.49%	0.00%
9	1	X	35.10%	0.00%
		Y	35.51%	0.00%
8	1	X	34.56%	0.00%
		Y	34.75%	0.00%
7	1	X	33.78%	0.00%
		Y	33.63%	0.00%
6	1	X	32.95%	0.00%
		Y	32.43%	0.00%
5	1	X	32.08%	0.00%
		Y	31.21%	0.00%
4	1	X	31.34%	0.00%
		Y	30.07%	0.00%
3	1	X	30.40%	0.00%
		Y	28.70%	0.00%
2	1	X	29.37%	0.00%
		Y	[illegible]	0.00%
1	1	X	29.00%	0.00%
		Y	26.44%	0.00%

Ln 208, Col 52　　Ln 179, Col 6

图 5.6.11　框架柱地震倾覆力矩百分比

▶《高规》第 9.1.9 条　抗震设计时，框筒柱和框架柱的轴压比限值可按框架-剪力墙结构的规定采用。

说明：按照《高规》第 8.1.3 条，对框架部分承受的地震倾覆力矩比进行计算，然后判定框架-核心筒结构中框筒柱和框架柱的轴压比是否按纯框架结构的规定采用。

▶《高规》第 9.1.11 条　抗震设计时，筒体结构的框架部分按侧向刚度分配的楼层地震剪力标准值应符合下列规定：

（1）框架部分分配的楼层地震剪力标准值的最大值不宜小于结构底部总地震剪力标准值的 10%。

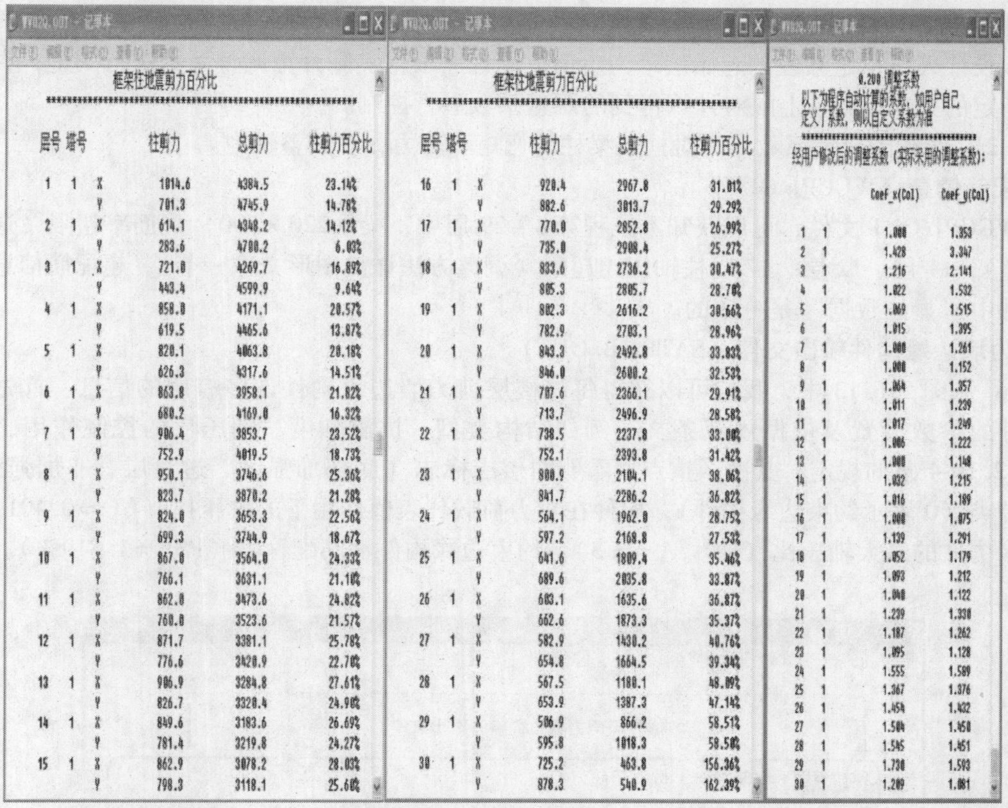

框架柱地震剪力百分比

层号	塔号		柱剪力	总剪力	柱剪力百分比
1	1	X	1014.6	4384.5	23.14%
		Y	701.3	4745.9	14.78%
2	1	X	614.1	4348.2	14.12%
		Y	283.6	4700.2	6.03%
3	1	X	721.0	4269.7	16.89%
		Y	443.4	4599.9	9.64%
4	1	X	858.0	4171.1	20.57%
		Y	619.5	4465.6	13.87%
5	1	X	820.1	4063.8	20.18%
		Y	626.3	4317.6	14.51%
6	1	X	863.8	3958.1	21.82%
		Y	680.2	4169.0	16.32%
7	1	X	906.4	3853.7	23.52%
		Y	752.9	4019.5	18.73%
8	1	X	950.1	3746.6	25.36%
		Y	823.7	3870.2	21.28%
9	1	X	824.0	3653.3	22.56%
		Y	699.3	3744.9	18.67%
10	1	X	867.0	3564.0	24.33%
		Y	766.1	3631.1	21.10%
11	1	X	862.0	3473.6	24.82%
		Y	760.0	3523.6	21.57%
12	1	X	871.7	3381.1	25.78%
		Y	776.6	3420.9	22.70%
13	1	X	906.9	3284.8	27.61%
		Y	826.7	3320.4	24.90%
14	1	X	849.6	3183.6	26.69%
		Y	781.4	3219.8	24.27%
15	1	X	862.9	3078.2	28.03%
		Y	798.3	3118.1	25.60%

框架柱地震剪力百分比

层号	塔号		柱剪力	总剪力	柱剪力百分比
16	1	X	920.4	2967.8	31.01%
		Y	882.6	3013.7	29.29%
17	1	X	770.0	2852.8	26.99%
		Y	735.0	2908.4	25.27%
18	1	X	833.6	2736.2	30.47%
		Y	805.3	2805.7	28.70%
19	1	X	802.3	2616.2	30.66%
		Y	782.9	2703.1	28.96%
20	1	X	843.3	2492.8	33.83%
		Y	846.0	2600.2	32.53%
21	1	X	707.6	2366.1	29.91%
		Y	713.7	2496.9	28.58%
22	1	X	738.5	2237.8	33.00%
		Y	752.1	2393.8	31.42%
23	1	X	800.9	2104.1	38.06%
		Y	841.7	2286.2	36.82%
24	1	X	564.1	1962.0	28.75%
		Y	597.2	2168.8	27.53%
25	1	X	641.6	1809.4	35.46%
		Y	689.6	2035.8	33.87%
26	1	X	603.1	1635.6	36.87%
		Y	662.6	1873.3	35.37%
27	1	X	582.9	1430.2	40.76%
		Y	654.8	1664.5	39.34%
28	1	X	567.5	1180.1	48.09%
		Y	653.9	1387.3	47.14%
29	1	X	506.9	866.2	58.51%
		Y	595.8	1018.3	58.50%
30	1	X	725.2	463.8	156.36%
		Y	878.3	540.9	162.39%

0.2Q0 调整系数
以下为程序自动计算的系数，如用户自己
定义了系数，则以自定义系数为准

经用户修改后的调整系数（实际采用的调整系数）：

		Coef_x(Col)	Coef_y(Col)
1	1	1.000	1.353
2	1	1.428	3.347
3	1	1.216	2.141
4	1	1.022	1.532
5	1	1.069	1.515
6	1	1.015	1.395
7	1	1.000	1.261
8	1	1.000	1.152
9	1	1.064	1.357
10	1	1.011	1.239
11	1	1.017	1.249
12	1	1.006	1.222
13	1	1.000	1.148
14	1	1.032	1.215
15	1	1.016	1.189
16	1	1.000	1.075
17	1	1.139	1.291
18	1	1.052	1.179
19	1	1.093	1.212
20	1	1.048	1.122
21	1	1.239	1.330
22	1	1.187	1.262
23	1	1.095	1.128
24	1	1.555	1.589
25	1	1.367	1.376
26	1	1.454	1.432
27	1	1.504	1.450
28	1	1.545	1.451
29	1	1.730	1.593
30	1	1.209	1.081

图 5.6.12　框架柱地震剪力百分比和 $0.2V_0$ 调整系数

（2）当框架部分分配的地震剪力标准值的最大值小于结构底部总地震剪力标准值的 10% 时，各层框架部分承担的地震剪力标准值应增大到结构底部总地震剪力标准值的 15%；此时，各层核心筒墙体的地震剪力标准值宜乘以增大系数 1.1，但可不大于结构底部总地震剪力标准值，墙体的抗震构造措施应按抗震等级提高一级后采用，已为特一级的可不再提高。

（3）当框架部分分配的地震剪力标准值小于结构底部总地震剪力标准值的 20%，但其最大值不小于结构底部总地震剪力标准值的 10% 时，应按结构底部总地震剪力标准值的 20% 和框架部分楼层地震剪力标准值中最大值的 1.5 倍二者的较小值进行调整。

（4）按本条第 2 款或第 3 款调整框架柱的地震剪力后，框架柱端弯矩及与之相连的框架梁端弯矩、剪力应进行相应调整。

（5）有加强层时，本条框架部分分配的楼层地震剪力标准值的最大值不应包括加强层及其上、下层的框架剪力。

【分析】在规定的水平力作用下，结构底层框架部分承受的地震倾覆力矩与结构总地震倾覆力矩的比值大于 10%，小于 50%，按《高规》9.1.9 条、8.1.3 条第（2）项规定，框架柱轴压比限值可依据一般框架-剪力墙结构的规定。

【分析】根据《高规》第 9.1.11 条，框架-筒体结构当框架部分分担的地震剪力标准值的最大值小于结构底部总地震剪力标准值的 10% 时，则各层框架部分承担的地震剪力标准值应增大到结构底部总地震剪力标准值的 15%，且核心筒墙体地震剪力标准值宜乘以增大系数 1.1。当设计人员在 SATWE 前

处理菜单中指定结构体系为框架-筒体结构时,程序自动进行 10%和 20%的判断,并进行调整。需要提醒设计人员注意的是:

(1) 由于 $0.2V_0$ 调整可能导致不合理的调整系数,所以程序允许对数据文件中的调整系数进行手工修改。如设计人员指定某段的起始层号为负值,则程序根据实际计算调整系数进行调整,否则程序会根据用户指定的 $0.2V_0$ 调整上限对计算得到的调整系数进行控制。

(2) $0.2V_0$ 调整的放大系数只针对框架梁柱的弯矩和剪力,不调整轴力。

4. 超配筋信息(WGCPJ. OUT)

查看 WGCPJ. OUT 文件,可以获知本工程第 8～29 层中,梁(220×500)配筋率超限(通过加大截面进行调整),11 层、12 层、17 层柱轴压比超限(调整方法详见图形文件一节),超配筋信息计算结果与图形文件中"显红数据"是一致的。

5. 剪力墙边缘构件输出文件(SATBMB. OUT)

【分析】从图 5.6.13 中,我们可以获得每一楼层剪力墙边缘构件许多有用的信息。首先要了解控制边缘构件的参数设置及依据规范条文,例如结构类型、抗震烈度、轴压比的控制作用、是否执行《高规》7.2.16-4 条的规定;其次,重点要看明白楼层标志(底部加强区、过渡层、非加强区等),边缘构件的种类(0 表示约束边缘构件),构件在重力荷载代表值作用下的轴压比(UC = 0.401),构件不设约束边缘构件的最大轴压比(UC _ A = 0.3),约束边缘构件箍筋配箍率(PSV = 1.819%)。

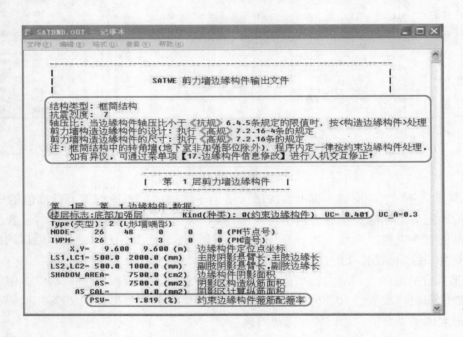

图 5.6.13   剪力墙边缘构件输出结果

5.6.2 图形文件输出内容

1. 混凝土构件配筋及验算简图(图 5.6.14、图 5.6.15)

(1) 柱轴压比计算结果

【新规范链接】2010 版《高规》第 9.1.9 条、第 **6.4.2 条**相关规定。

▶第 9.1.1 条   抗震设计时,框筒柱和框架柱的轴压比限值可按框架-剪力墙结构的规定采用。

▶第 6.4.2 条   抗震设计时,钢筋混凝土柱轴压比不宜超过表 5.6.2 的规定;对于Ⅳ类场地上较高的高层建筑,其轴压比限值应适当减小。

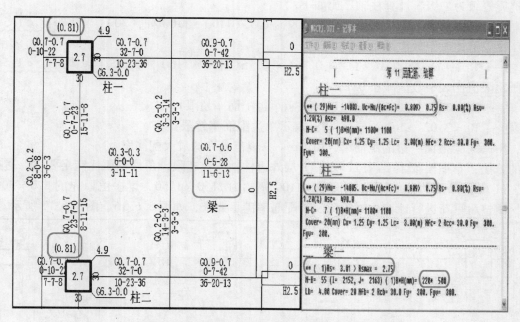

图 5.6.14 第 11 层梁、柱局部配筋及验算图

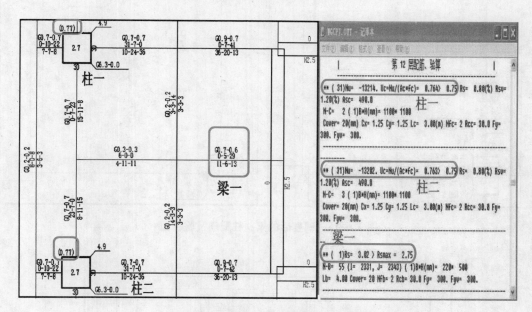

图 5.6.15 第 12 层梁、柱配筋及验算图

表 5.6.2 柱轴压比限值

结构类型	抗震等级			
	一	二	三	四
框架-核心筒，筒中筒结构	0.75	0.85	0.90	0.95

注：1. 表内数值适用于混凝土强度等级不高于 C60 的柱。当混凝土强度等级为 C65～C70 时，轴压比限值应比表中数值降低 0.05；当混凝土强度等级为 C75～C80 时，轴压比限值应比表中数值降低 0.10。

2. 表内数值适用于剪跨比 > 2 的柱；当 1.5≤剪跨比≤2 时，其轴压比限值应比表中数值减小 0.05；当剪跨比 < 1.5 时，其轴压比限值应专门研究并采取特殊构造措施。

【分析】从混凝土构件配筋及验算简图可以查看梁柱及剪力墙超配筋信息，程序以数据显示红色来表示，如图 5.6.15 中柱一、柱二和梁一，从超配筋信息文件中可以更详细了解到计算过程，本框架-核心筒结构抗震等级为二级，计算柱轴压比如下：

11 层柱一、柱二：Uc = Nu/(Ac * fc) = 0.809 > 0.75（1100 * 1100 柱，C30）（当剪跨比 < 1.5 时，程序内定其轴压比限值比表中数值减小 0.1）

12 层柱一、柱二：Uc = Nu/(Ac * fc) = 0.764 > 0.75（1100 * 1100 柱，C30）（当剪跨比 < 1.5 时，程序内定其轴压比限值比表中数值减小 0.1）

11 层梁一：Rs = 3.01 > Rsmax = 2.75 （表示单边配筋率超限）

12 层梁一：Rs = 3.02 > Rsmax = 2.75 （表示单边配筋率超限）

其中，Rs——梁截面一边的配筋率；Rsmax——规范允许的最大配筋率。

调整的方法：本框架-筒体结构 11 层、12 层外边柱轴压比超限，角柱轴压比满足要求，通过调整外边柱截面，11 层、12 层边柱由原先的 1100×1100 调整为 1150×1150，梁一由原先的 220×500 调整为 220×600，调整后重新进行计算，轴压比及梁配筋率满足要求，如图 5.6.16、图 5.6.17 所示。

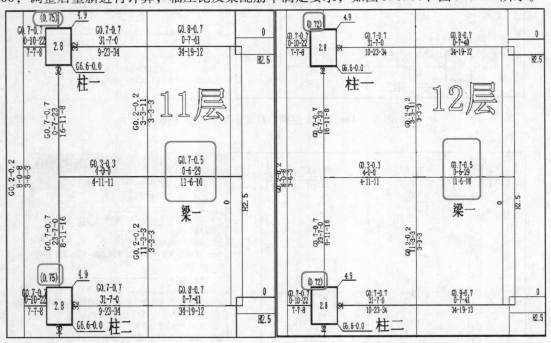

图 5.6.16　调整后的梁、柱配筋及验算图

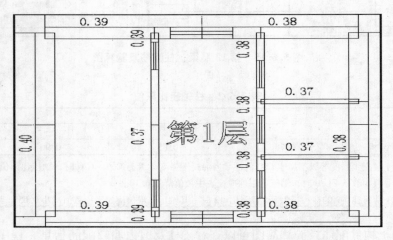

图 5.6.17　底层核心筒的轴压比计算结果

（2）核心筒的轴压比

【新规范链接】2010 版《高规》第 9.1.7.6 条、第 7.2.2.2、第 7.2.13 条相关规定。

►《高规》第 9.1.7.6 条　筒体墙的加强部位高度、轴压比限值、边缘构件设置以及截面设计，应符合《高规》第 7 章剪力墙结构设计的有关规定。

►《高规》第 7.2.13 条　重力荷载代表值作用下，一、二、三级剪力墙墙肢的轴压比不宜超过表 5.6.3 的限值。

表 5.6.3　剪力墙墙肢轴压比限值

抗震等级	一级（9 度）	一级（6、7、8 度）	二、三级
轴压比限值	0.4	0.5	0.6

注：墙肢轴压比是指重力荷载代表值作用下墙肢承受的轴压力设计值与墙肢的全截面面积和混凝土轴心抗压强度设计值乘积之比值。

►《高规》第 7.2.2.2 条　一、二、三级短肢剪力墙的轴压比，分别不宜大于 0.45、0.50、0.55，一字形截面短肢剪力墙的轴压比限值应相应减少 0.1。（短肢剪力墙是指截面厚度不大于 300mm、各肢截面高度与厚度之比的最大值大于 4 但不大于 8 的剪力墙）

【分析】框架-核心筒结构中核心筒部分轴压比计算结果满足规范限值，无需调整（详见图 5.6.17）。

2. 水平力作用下各层平均侧移简图（图 5.6.18 ~ 图 5.6.27）

通过这项菜单，设计人员可以查看在地震作用和风荷载作用下结构的变形和内力，内容包括每一层的地震力、地震引起的楼层剪力、弯矩，位移、位移角以及每一层的风荷载、风荷载作用下的楼层剪力、弯矩、位移和位移角。

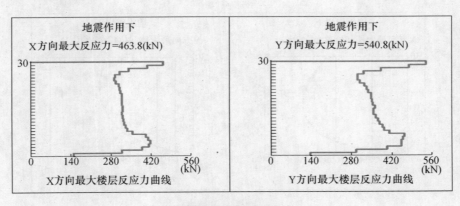

图 5.6.18　地震力

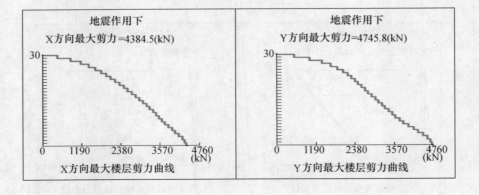

图 5.6.19　地震作用下楼层剪力

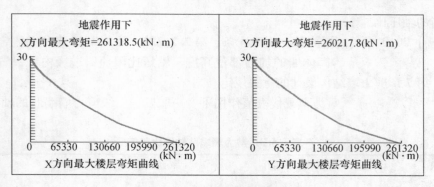

图 5.6.20 地震作用下楼层弯矩

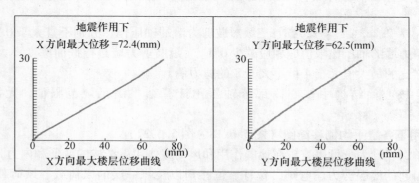

图 5.6.21 地震作用下楼层位移

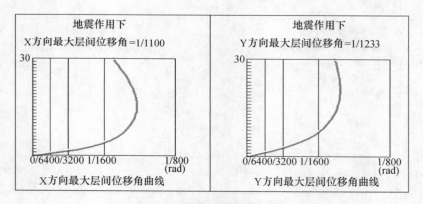

图 5.6.22 地震作用下层间位移角

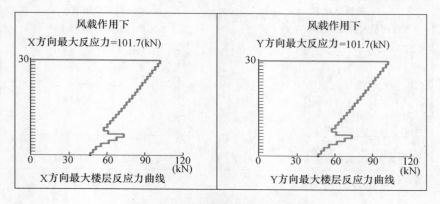

图 5.6.23 风载作用下楼层反应力

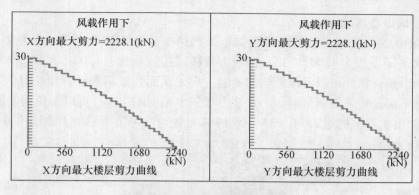

图 5.6.24　风载作用下楼层剪力

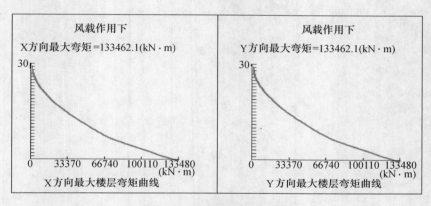

图 5.6.25　风载作用下楼层弯矩

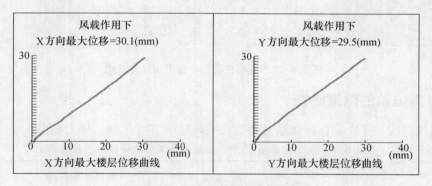

图 5.6.26　风载作用下层间位移

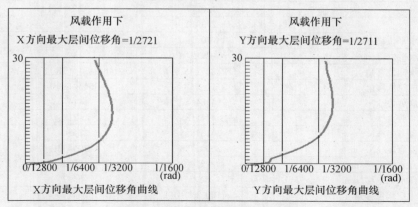

图 5.6.27　风载作用下层间位移角

3. 结构整体空间振动简图（图 5.6.28）

【分析】从前面的文本文件中我们已经获知本工程第一振型为 X 向平动（平动系数为 1.0），第二振型为 Y 向平动（平动系数为 1.00），第三振型为扭转（扭转系数为 1.0），从图 5.6.28 中可以更清楚地看出每个振型的形态，据此可以看出结构的薄弱方向，从而判断结构计算模型是否存在明显的错误，尤其在周期比计算不满足要求需调整时，一定要参考三维振型图，这样可以避免错误的判断。

SATWE 图形输出文件中的第 15 项、16 项、17 项功能可参考第 4 章剪力墙结构设计部分内容。

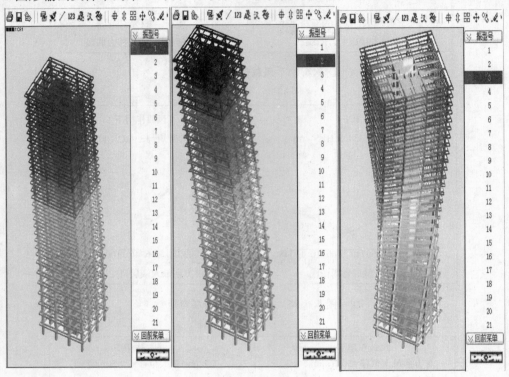

图 5.6.28　结构在前三个振型下振动简图

5.6.3　三种计算方法的结果比较

对采用新旧规范版 PKPM 软件计算结果和简化手算结果进行比较，详见表 5.6.4。

表 5.6.4　框架-核心筒 周期、地震力及顶点水平位移计算结果

计算结果 　计算方法	新规范版 PKPM	旧规范版 PKPM	简化手算
X 方向基本周期/s	3.1991	3.0	3.14
Y 方向基本周期/s	3.0217	2.91	3.14
扭转周期/s	2.3312	1.92	—
X 方向风荷载下顶点水平位移/mm	30.1	22.42	33
Y 方向风荷载下顶点水平位移/mm	29.5	23.5	33
X 方向风荷载下最大层间位移角	1/2721（15 层）	1/3414（18 层）	1/2469（25 层）
Y 方向风荷载下最大层间位移角	1/2711（18 层）	1/3546（18 层）	1/2469（25 层）
X 方向地震作用下基底剪力/kN	4384.5	4141	4268
Y 方向地震作用下基底剪力/kN	4745.8	4212	4268
X 方向地震作用下倾覆弯矩/kN·m	261318.5	224349	322761
Y 方向地震作用下倾覆弯矩/kN·m	260217.8	225533	322761
X 方向地震作用下顶点水平位移/mm	72.4	58.2	68
Y 方向地震作用下顶点水平位移/mm	62.5	55.2	68
X 方向地震作用下最大层间位移角	1/1100（15 层）	1/1306（21 层）	1/1091（25 层）
Y 方向地震作用下最大层间位移角	1/1233（21 层）	1/1369（23 层）	1/1173（25 层）

通过对新旧规范版软件及手算计算结果分析比较可以得出：

（1）新旧规范版 PKPM 及简化手算对周期的计算结果比较接近。

（2）对风荷载作用下顶点水平位移、层间位移角，三种方法计算结果相差较大。

（3）地震作用下倾覆弯矩和顶点水平位移新旧版软件计算结果相差较大。

（4）总的来说，在考虑地震作用下，新规范版 PKPM 计算结果更偏于安全。

5.7　结构方案评议及优化建议

1. 结构方案评议

（1）框架-核心筒结构布置规则，构件选取合理，无薄弱层。

（2）第 11 层、12 层边框柱轴压比超限，个别框梁截面取值偏小。

（3）地震作用下最大层间位移角 1/1233（21 层），规范限值为 1/800，结构整体刚度合适。

2. 优化建议

（1）对第 11 层、12 层局部边框柱截面加大，满足轴压比的要求。

（2）对配筋率超限的框架梁加大截面。

5.8　框架-核心筒结构施工图

经过 SATWE 计算以后，如果计算输出文件各项参数基本符合规范要求，就可以进入到 PKPM 软件中"墙梁柱施工图"菜单项，完成后续剪力墙和梁配筋施工图设计，如图 5.8.1 和图 5.8.2 所示。

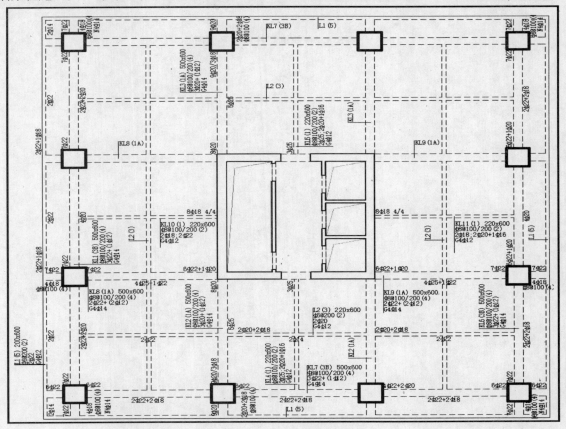

图 5.8.1　第 1 层梁结构平面图

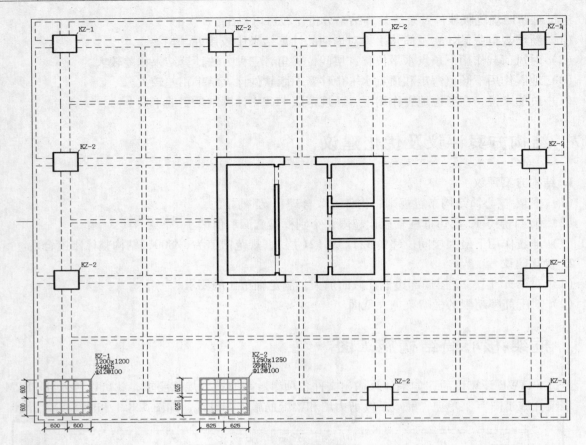

图 5.8.2 第 1 层柱结构平面图

第6章 筒体结构设计

框筒是由布置在建筑周边的柱距小、梁截面高的密柱深梁框架组成的。其特点是柱密梁刚，柱距一般为1.5~3m。形式上框筒由腹板框架和翼缘框架围成，但其受力特点不同于平面框架。框筒属于空间结构，在风荷载和地震作用下，层剪力由平行于水平力作用方向的腹板框架抵抗，倾覆力矩由腹板框架和垂直于水平力作用方向的翼缘框架共同抵抗。因此，框筒结构的适用高度要比框架结构高很多。框筒可以是钢结构、钢筋混凝土结构或混合结构。钢-混凝土混合结构一般是指由钢筋混凝土筒体或剪力墙以及钢框架组成的抗侧力体系。以刚度很大的钢筋混凝土部分承受风荷载和地震作用，钢框架主要承受竖向荷载，这样就可以充分发挥两种材料各自的优势，取得较好的技术经济效果。

6.1 筒体结构设计经典范例

某一40层钢-混凝土混合框筒结构，总高度134m，采用现浇钢筋混凝土框筒结构作为抗侧力主体结构，平面如图6.1.1所示。首层为办公入口大堂，层高5.3m，2~40层为办公，其中第10层、第25层为避难层兼设备层，层高均为3.3m。地处7度抗震设防区域，场地为Ⅱ类，地震分组第一组。基本风压0.84kN/m²，地面粗糙度为C类，丙类建筑。

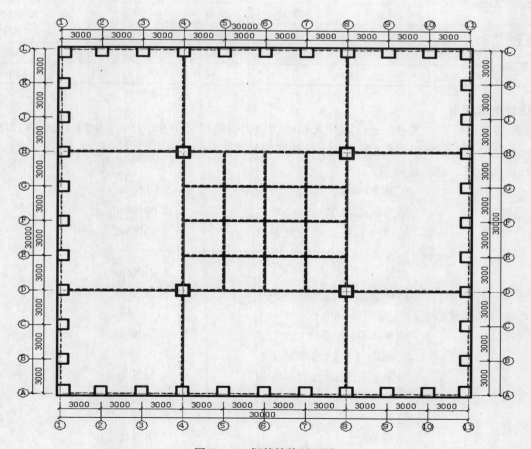

图6.1.1 框筒结构平面图

1. 设计基本条件

（1）建筑结构安全等级：二级

（2）结构重要性系数：1.0

（3）环境类别：地面以上为一类，地面以下为二 a 类

（4）风荷载

基本风压：0.84kN/m^2

地面粗糙度：C 类

（5）地震参数

抗震设防烈度：7 度

设计基本地震加速度：0.1g

地震分组：第一组

建筑场地类别：Ⅱ类

特征周期 T_g：0.35s

抗震设防类别：标准设防类（丙类）

框筒梁柱抗震等级：二级

2. 主要结构材料

各层梁、板、柱采用的混凝土强度等级和钢筋牌号见表 6.1.1，为了同原范例进行比较，取和范例一致的材料。

表 6.1.1　混凝土强度等级和钢筋牌号

构件名称	柱		梁		双向板
	纵筋	箍筋	纵筋	箍筋	无粘结预应力钢绞线
钢筋牌号	HRB335	HPB235	HRB335	HPB235	
混凝土强度等级　1~20 层	C50		C50		C40
21~40 层	C40		C40		C40

3. 设计荷载取值

本工程楼屋面板中，大开间连续双向无粘结预应力板的尺寸为 9m×9m，9m×12m，初步确定板厚为 200mm，$L/45$（$L=9$m），楼屋面恒载、荷载取值如下。

（1）屋面恒载、活荷载取值：

板厚 200mm	5.0kN/m^2
屋面保温防水	2.6kN/m^2
吊顶（管道）或板底粉刷	0.4kN/m^2
总计	8.0kN/m^2
活荷载（上人屋面）	2.0kN/m^2

（2）楼电梯间楼板恒载、活荷载取值：

楼板 100mm 厚	2.5kN/m^2
粉面底（包括吊顶管道）	1.0kN/m^2
分隔填充墙折为均布荷载	4.5kN/m^2
总计	8.0kN/m^2
活荷载	2.0kN/m^2

（3）10、25 层设备层楼面恒载、活荷载取值：

	楼板 200mm 厚	5.0kN/m^2
	粉面底（包括吊顶管道）	1.0kN/m^2

	总计	6.0kN/m^2
	活荷载	4.0kN/m^2

（4）办公层楼面恒载、活荷载取值：

	楼板 200mm 厚	5.0kN/m^2
	楼面底（包括吊顶管道）	1.0kN/m^2
	室内轻质墙折为均布荷载	2.0kN/m^2

	总计	8.0kN/m^2
	活荷载	2.0kN/m^2

　　说明：为了便于计算结果对比，上述活荷载取值参照原实例中数值（有些活荷载取值偏小），设计人员在做实际工程时，应按照《荷载规范》**GB 50009—2001**（2006 年版）中第 4.1.1 条规定取值。

6.2　结构模型的建立和荷载输入

　　框筒梁板柱截面取值见表 6.2.1 所示，通过 PMCAD 输入框筒结构，计算模型如图 6.2.1，荷载如图 6.2.2 ~ 图 6.2.3 所示。

图 6.2.1　框筒结构计算模型

表 6.2.1　框筒结构模型参数　　　　　　　　　　（单位：mm）

自然层	标准层	层高	框筒边中柱	中心钢柱	角柱	混凝土强度等级
1	1	5300	800×900	1000×1000×60	900×900	C50
2~9	2	3300	800×900	1000×1000×60	900×900	C50
10	3	3300	800×900	1000×1000×60	900×900	C50
11~20	4	3300	650×900	1000×1000×50	900×900	C50
21~24	5	3300	550×900	800×800×40	900×900	C40
25	6	3300	550×900	800×800×40	900×900	C40
26~30	7	3300	550×900	800×800×40	900×900	C40
31~40	8	3300	400×900	600×600×30	900×900	C40

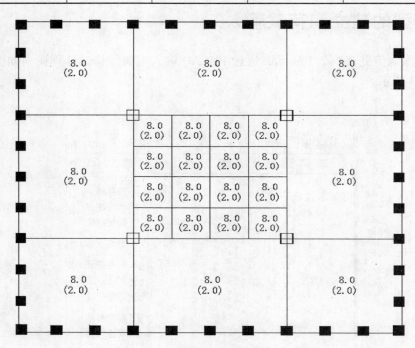

图 6.2.2　框筒楼面恒载（活载）图

6.3　设计参数的选取

1. 本层信息中参数的确定

对于每一个标准层，在本层信息中可以确定板的厚度、钢筋类别、强度等级及层高等，如图 6.3.1 所示。

2. 建模设计参数

建模设计参数共包括总信息、材料信息、地震信息、风荷载信息和钢筋信息，详见图 6.3.2、图 6.3.3 所示。

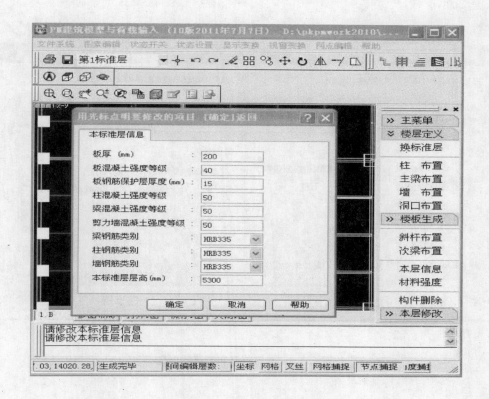

图 6.3.1　第 1 标准层信息

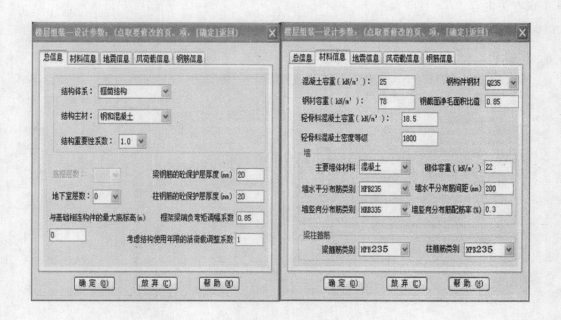

图 6.3.2　总信息和材料信息

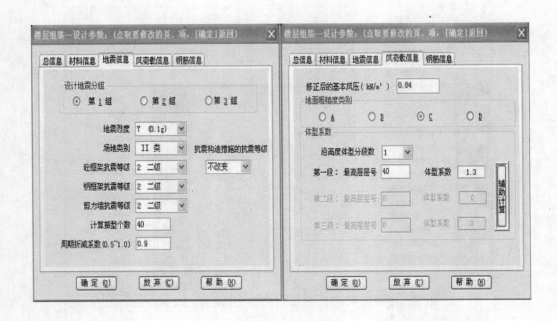

图 6.3.3　地震信息和风荷载信息

6.4　结构内力和配筋计算

SATWE 计算参数的确定（图 6.4.1～图 6.4.6）

接 PM 生成 SATWE 数据，执行 SATWE 前处理菜单，其中第 1 和第 6 项必须执行，参数取值及说明详见第 1 章有关内容。

图 6.4.1　总信息

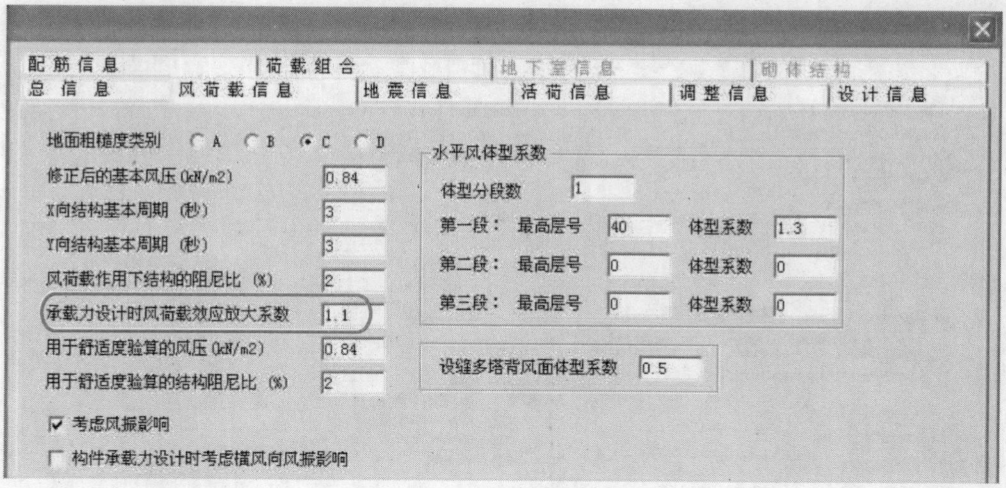

图 6.4.2　风荷载信息

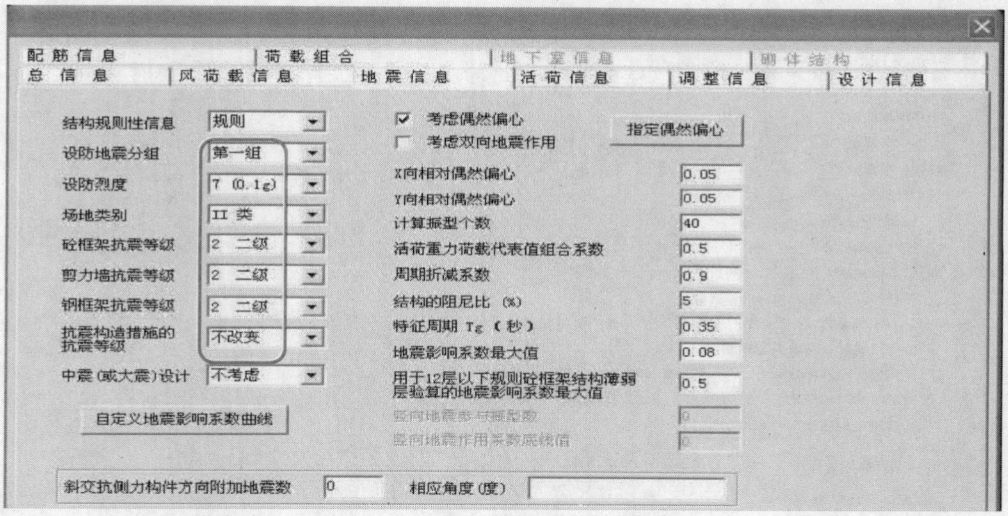

图 6.4.3　地震信息

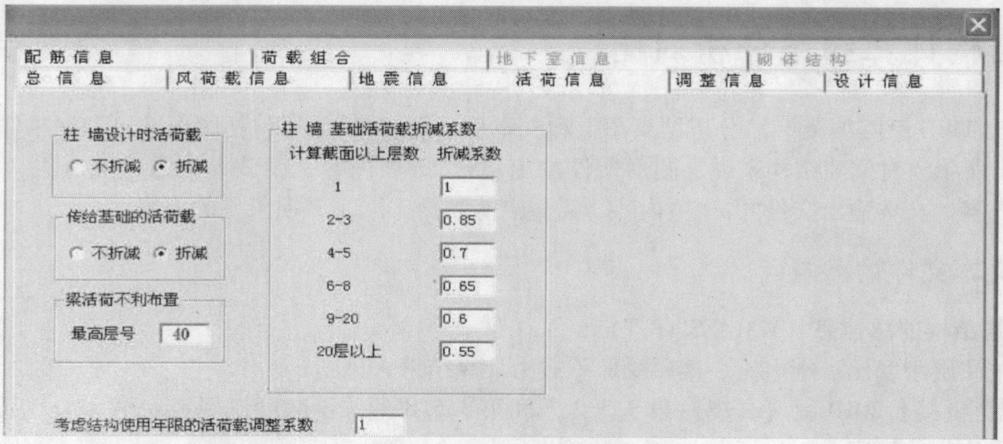

图 6.4.4　活载信息

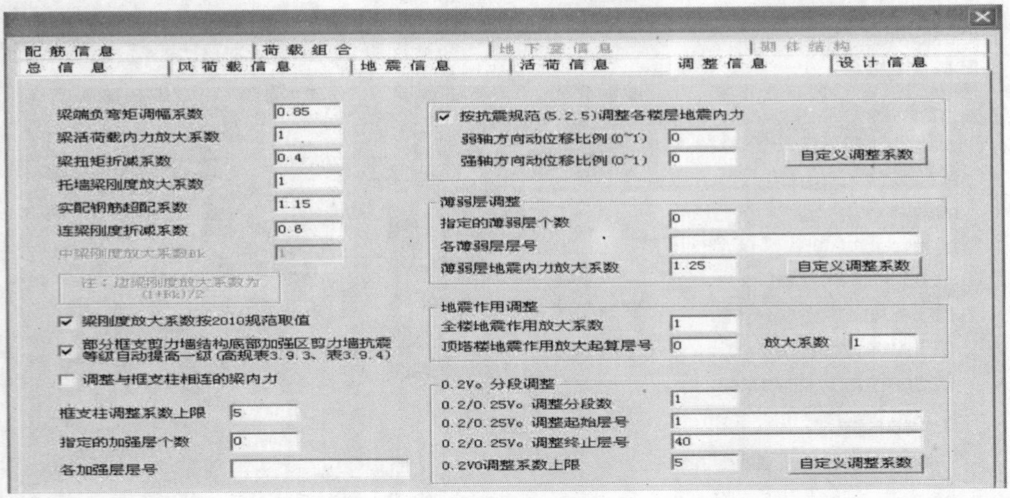

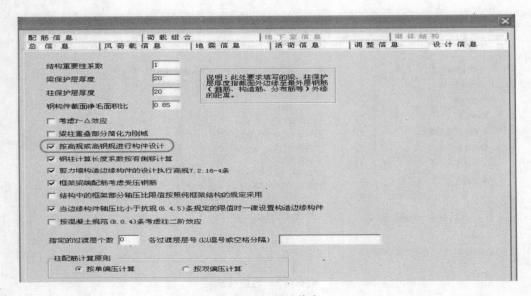

图 6.4.5　调整信息

图 6.4.6　设计信息

6.5　结构计算结果分析对比

执行 SATWE 第四项菜单"分析结果图形和文本显示",计算结果包括图形输出和文本输出两部分,如图 6.5.1 所示。对框筒结构来说,图形文件输出包含 17 项内容,设计人员需重点查看 2、3、9、13 项菜单的内容。文本输出文件共 12 项内容,需重点查看第 1、2、3 项菜单的内容。

6.5.1　文本文件输出内容

1. 建筑结构的总信息（WMASS. OUT）

重点关注层刚度比、刚重比、楼层受剪承载力计算结果,见图 6.5.1。

【新规范链接】2010 版《高规》第 3.5.2 条和第 3.5.8 条关于刚度比规定,第 5.4.1 条和第 5.4.4 条关于刚重比相关规定。

▶ 第 3.5.2 条　抗震设计时,高层建筑相邻楼层的侧向刚度变化应符合下列规定:

图 6.5.1　刚度比和刚重比计算结果

对框架-核心筒结构、筒中筒，本层与相邻上层的比值不宜小于0.9；当本层层高大于相邻上层层高的1.5 倍时，该比值不宜小于1.1；对结构底部嵌固层，该比值不宜小于1.5。

▶第3.5.8 条　刚度变化不符合第3.5.2 条要求的楼层，其对应于地震作用标准值的剪力应乘以1.25 的增大系数。

▶第5.4.1 条　当高层筒体结构满足下列规定时，弹性计算分析时可不考虑重力二阶效应的不利影响。

$$EJ_d \geq 2.7H^2 \sum_{i=1}^{n} G_j$$

▶第5.4.4 条　**高层筒体结构的整体稳定性应符合下列规定：**

$$EJ_d \geq 1.4H^2 \sum_{i=1}^{n} G_j$$

【分析】该框筒结构最小刚度比为0.7416（第1层），说明第1层为薄弱层，刚重比计算结果符合要求，如图 6.5.2 所示。

【新规范链接】2010 版《高规》第3.5.3 条关于楼层受剪承载力规定：

▶第3.5.3 条　A 级高度高层建筑的楼层抗侧力结构的层间受剪承载力不宜小于其相邻上一层受剪承载力的80%，不应小于其相邻上一层受剪承载力的65%；B 级高度高层建筑的楼层抗侧力结构的层间受剪承载力不应小于其相邻上一层受剪承载力的75%。

【分析】该框筒结构的最小楼层受剪承载力比值为0.56（X、Y 方向，第1层），见图 6.5.2，不满足规范要求，因此第1层为结构薄弱层。依据《高规》第3.5.7 条规定，如果高层建筑结构同一楼层

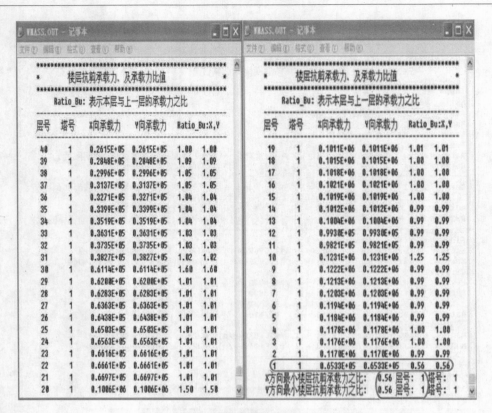

图 6.5.2　楼层受剪承载力及承载力比值

的刚度和承载力变化均不规则，该层极有可能同时是软弱层和薄弱层，对抗震十分不利，因此应尽量避免，不宜采用。故应对结构进行调整。

2. 周期、地震力与振型输出文件（WZQ. OUT）

（1）周期比计算结果（图 6.5.3）

【新规范链接】2010 版《高规》第 3.4.5 条、第 9.2.5 条相关规定。

图 6.5.3　周期计算结果

【分析】本框筒结构第一振型为 Y 向平动（平动系数为 1.0），第二振型为 X 向平动（平动系数为 1.00），第三振型为扭转（扭转系数为 1.0），周期比为 0.53 < 0.9，满足规范要求。

（2）X、Y 方向的剪重比，有效质量系数计算结果（图 6.5.4）

【新规范链接】详见《高规》4.3.12 条和《抗规》5.2.5 条相关规定。

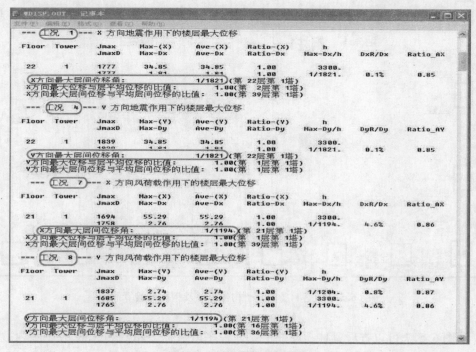

图 6.5.4　X、Y 向楼层剪重比计算结果

【分析】从图 6.5.4 计算结果可以看出，X、Y 向楼层剪重比（1～7 层）计算结果小于规范要求的最小剪重比 1.6%，需进行调整。新版 SATWE 软件按照《抗规》第 5.2.5 的条文说明，当首层地震剪力不满足要求需进行调整时，对其上部所有楼层进行调整，且同时调整位移和倾覆力矩。

3. SATWE 位移输出文件（WDISP. OUT）

（1）扭转位移比和层间位移角（图 6.5.5 和图 6.5.6）

【新规范链接】2010 版《高规》第 3.4.5 条、9.2.5 条、3.7.3 条，《抗规》5.5.1 条相关规定。

图 6.5.5　位移角计算结果

```
WDISP.OUT - 记事本
文件(F) 编辑(E) 格式(O) 查看(V) 帮助(H)
--- 工况 12 --- X+偶然偏心地震作用规定水平力下的楼层最大位移
Floor  Tower   Jmax     Max-(X)    Ave-(X)    Ratio-(X)       h
               JmaxD    Max-Dx     Ave-Dx     Ratio-Dx    Max-Dx/h      DxR/Dx     Ratio_AX

  1      1      56        2.23       2.10       1.06        5300.
                56        2.23       2.10       1.06       1/2377.      99.9%       0.76
X方向最大层间位移角:                    1/1693.(第 21层第 1塔)
X方向最大位移与层平均位移的比值:          1.06(第  1层第 1塔)
X方向最大层间位移与平均层间位移的比值:    1.06(第  1层第 1塔)
--- 工况 13 --- X-偶然偏心地震作用规定水平力下的楼层最大位移
Floor  Tower   Jmax     Max-(X)    Ave-(X)    Ratio-(X)       h
               JmaxD    Max-Dx     Ave-Dx     Ratio-Dx    Max-Dx/h      DxR/Dx     Ratio_AX

  1      1      59        2.23       2.10       1.06        5300.
                59        2.23       2.10       1.06       1/2377.      99.9%       0.76
X方向最大层间位移角:                    1/1693.(第 21层第 1塔)
X方向最大位移与层平均位移的比值:          1.06(第  1层第 1塔)
X方向最大层间位移与平均层间位移的比值:    1.06(第  1层第 1塔)
--- 工况 15 --- Y+偶然偏心地震作用规定水平力下的楼层最大位移
Floor  Tower   Jmax     Max-(Y)    Ave-(Y)    Ratio-(Y)       h
               JmaxD    Max-Dy     Ave-Dy     Ratio-Dy    Max-Dy/h      DyR/Dy     Ratio_AY

  1      1     116        2.23       2.10       1.06        5300.
               116        2.23       2.10       1.06       1/2377.      99.9%       0.76
Y方向最大层间位移角:                    1/1693.(第 21层第 1塔)
Y方向最大位移与层平均位移的比值:          1.06(第  1层第 1塔)
Y方向最大层间位移与平均层间位移的比值:    1.06(第  1层第 1塔)
--- 工况 16 --- Y-偶然偏心地震作用规定水平力下的楼层最大位移
Floor  Tower   Jmax     Max-(Y)    Ave-(Y)    Ratio-(Y)       h
               JmaxD    Max-Dy     Ave-Dy     Ratio-Dy    Max-Dy/h      DyR/Dy     Ratio_AY

  1      1      46        2.23       2.10       1.06        5300.
                46        2.23       2.10       1.06       1/2377.      99.9%       0.76
Y方向最大层间位移角:                    1/1693.(第 21层第 1塔)
Y方向最大位移与层平均位移的比值:          1.06(第  1层第 1塔)
Y方向最大层间位移与平均层间位移的比值:    1.06(第  1层第 1塔)
```

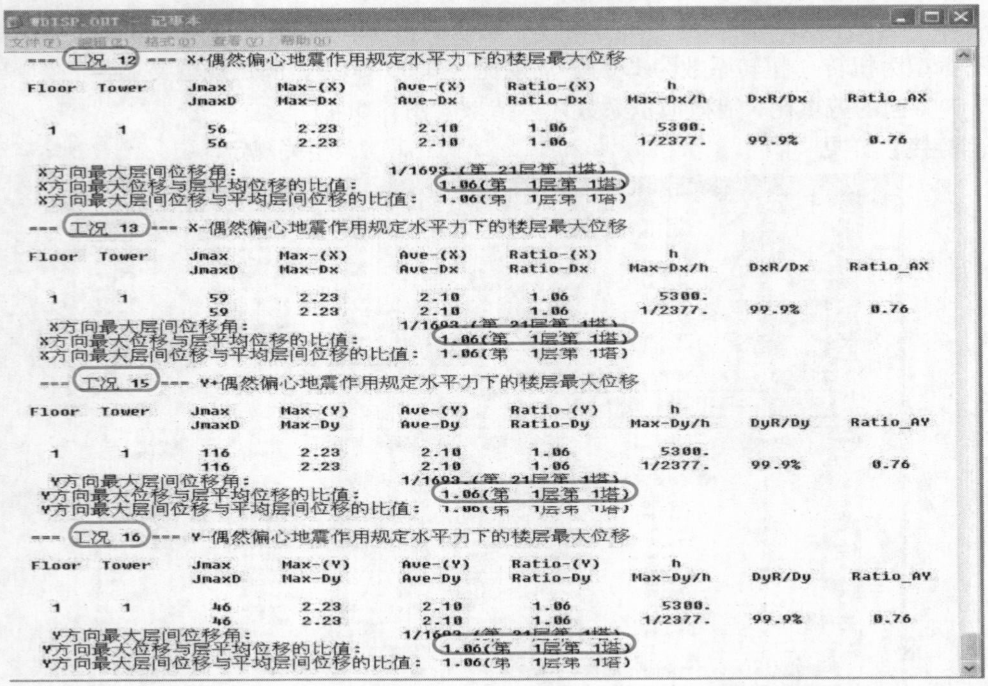

图 6.5.6　位移比计算结果

【分析】在工况 12、13、15、16 下，框筒结构最大位移比为 1.06，在工况 1、4、7、8 下，最大位移角为 1/1184，因此位移比和位移角满足规范限值。

6.5.2　图形文件输出内容

1. 混凝土构件配筋及验算简图（图 6.5.7 ~ 图 6.5.9）

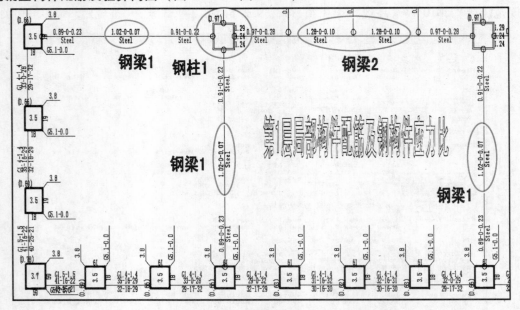

图 6.5.7　第 1 层混凝土构件配筋及钢构件验算简图

【分析】从图 6.5.7 可以查看梁柱超配筋信息，程序以数据显示红色来表示（圈内数据），如图中钢柱 1、钢梁 1 和钢梁 2，从构件信息中可以更详细了解到计算过程如图 6.5.8、图 6.5.9 所示：

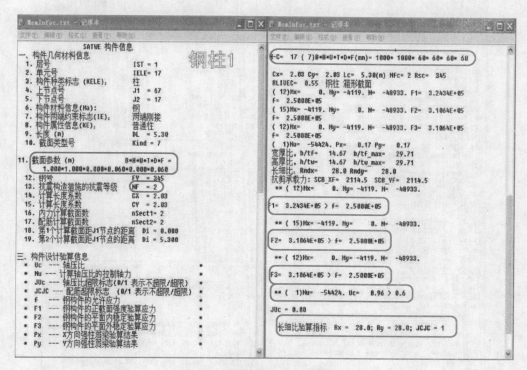

图6.5.8　第1层钢柱1验算结果

　　钢柱1采用Q345箱形截面，截面取1000mm×1000mm（$t=60$mm），通过计算可以看出钢柱的强度、平面内稳定、平面外稳定和轴压比不满足规范要求，宽厚比、高厚比、长细比满足要求。需要注意的是，程序依据《高钢规》JGJ99-98第6.6.3条规定，对钢柱轴压比进行超限验算，并控制轴压比限值为0.6。

　　【新规范链接】《高钢规》第6.6.3条　在罕遇地震作用下不可能出现塑性铰的部分，框架柱可按下式计算：

$$N \leqslant 0.6A_c f$$

式中　N——按多遇地震作用组合得出的柱轴力；

　　　　f——柱钢材的抗压强度设计值；

　　　　A_c——钢柱截面面积。

　　钢梁1、2采用Q345工字形截面，钢梁1截面取500×200×10×20（$l=9000$mm，两端铰接于柱，程序分为三段计算），钢梁2截面取700×300×10×20（$l=12000$mm，两端铰接于柱，程序分为四段计算），通过计算可以看出钢梁1、2的抗弯强度不满足规范要求，梁2的高厚比超限，见图6.5.9。

　　通过对钢梁和钢柱截面进行调整，对于钢柱1，截面由1000mm×1000mm（$t=60$mm）调整为1500mm×1500mm（$t=60$mm），对于钢梁1，截面由500×200×10×20调整为截面取600×200×12×20，对于钢梁2，截面由700×300×10×20调整为截面取800×200×16×20，经计算，结果满足规范要求，如图6.5.10所示。

2. 规范对钢结构构件截面验算的规定

　　SATWE软件对钢结构构件的验算内容主要包括：正应力强度、稳定、剪应力强度、局部稳定（宽厚比、高厚比）、长细比（柱、支撑）以及强柱弱梁（柱构件）。对于规范中没有给出验算公式的截面，软件只给出强度验算（按材料力学方法）和抗剪强度验算。其宽厚比、高厚比和长细比的控制条件按照工字形截面确定。

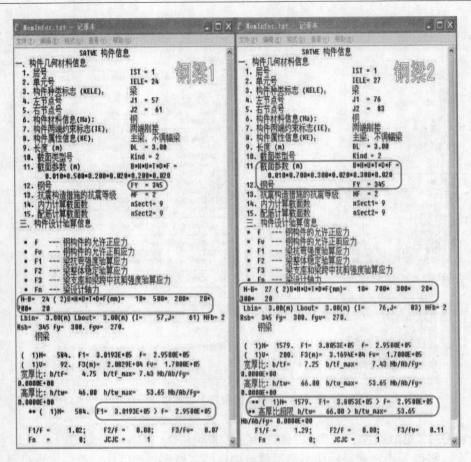

图 6.5.9　第 1 层钢梁 1、2 验算结果

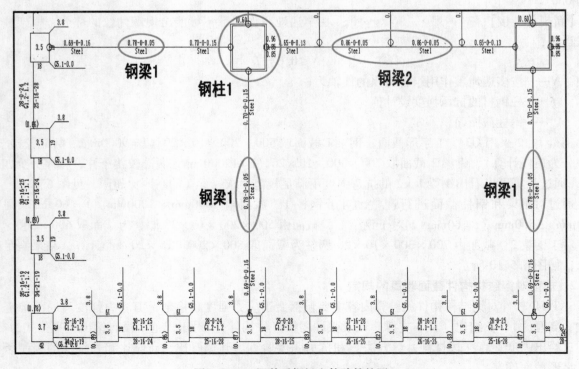

图 6.5.10　调整后钢梁和柱验算简图

（1）钢梁验算。对钢梁考虑正应力强度、剪应力强度、整体稳定和局部稳定计算。其中梁的局部稳定验算，即截面的宽厚比、高厚比应满足表 6.5.1 要求。

表 6.5.1　工字形截面和箱形截面梁宽厚比

	《钢规》GB50017—2003	《抗规》GB50011—2010				《高钢规》			
		一级	二级	三级	四级	一级	二级	三级	四级
工字形梁翼缘	$15 > 13$ 时，$\gamma_x = 1.0$	9	9	10	11	9	9	10	11
箱形梁翼缘（腹板间）	40	30	30	32	36	30	30	32	36
工字形和箱形梁腹板	80（无加劲肋）考虑屈曲后强度 250	$72 - 120\rho$ ≤ 60	$72 - 100\rho$ ≤ 65	$80 - 110\rho$ ≤ 70	$85 - 120\rho$ ≤ 75	$72 - 120\rho$ ≤ 60	$72 - 100\rho$ ≤ 65	$80 - 110\rho$ ≤ 70	$85 - 120\rho$ ≤ 75
规范条文	第 4.3.8 条	第 8.3.2 条				第 7.4.1 条			

注：1. 表中 $\rho = N_b / A_f$。

　　2. 除钢结构设计规范规定外，上表列数值适用于 Q235 钢，采用其他牌号钢材时，应乘以 $\sqrt{235/f_y}$。

　　3. 软件在控制梁局部稳定时，根据上面列表中规范控制指标，如果同时要遵守多本规范要求时，程序从严控制。

　　4. 对于焊接工形变截面或等截面梁，当选择按《门规》校核时，高厚比按 250 $\sqrt{235/f_y}$ 控制。

　　5. 定义为钢与混凝土组合梁的钢梁翼缘宽厚比，当中和轴在钢梁范围内时，钢梁上翼缘受压，受压翼缘的宽厚比按《钢结构规范》第 9.1.4 条塑性设计要求控制 9 $\sqrt{235/f_y}$。

（2）钢柱验算。SATWE 软件对钢柱考虑强度，对 X、Y 轴（沿截面两个主轴）稳定性、长细比，局部稳定，以及强柱弱梁的验算。

表 6.5.2　工字形截面和箱形截面柱高厚比

	《钢规》GB50017—2003	《抗规》GB50011—2010				《高钢规》			
		一级	二级	三级	四级	一级	二级	三级	四级
工字形柱翼缘	15，> 13 时，$\gamma_x = 1.0$（第 5.4.1 条）	10	11	12	13	9	11	12	12
箱形柱翼缘	40（第 5.4.3 条）	33	36	38	40	33	36	38	40
工字形柱腹板	通过第 5.4.2 条计算，可考虑有效截面	43	45	48	52	43	45	48	52
箱形柱腹板	通过第 5.4.3 条计算，可考虑有效截面	33	36	38	40	33	36	38	40
规范条文	第 5.4.1、5.4.2、5.4.3 条	第 8.3.2 条				第 7.4.1 条			

注：除钢结构设计规范规定外，上表列数值适用于 Q235 钢，采用其他牌号钢材时，应乘以 $\sqrt{235/f_y}$。

表 6.5.3　柱构件长细比

《钢规》GB50017—2003	《抗规》GB50011—2010				《高钢规》			
	一级	二级	三级	四级	一级	二级	三级	四级
150	60	80	100	120	60	80	100	120
规范 5.3.8 条	规范 8.3.1 条				规程 7.3.9 条			

当柱在控制局部稳定或长细比时，按照表 6.5.3 中规范控制指标，如果同时要遵守多本规范要求，程序从严控制。单层钢结构厂房结构，地震烈度 7、8、9 度宽厚比的对应控制按表 6.5.1 控制。对于焊接工字形变截面或等截面柱，当选择按《门规》校核时，高厚比按 250 $\sqrt{235/f_y}$ 控制，长细比按 180 控制。

（3）钢支撑验算。SATWE 软件对支撑考虑强度、对 X、Y 轴（沿截面两个主轴）稳定性、长细比，局部稳定的验算。其中中心受压支撑的长细比、局部稳定应满足以表 6.5.4 中要求：

表 6.5.4　中心支撑压杆允许长细比

《钢规》GB50017—2003	《抗规》GB50011—2010		《高钢规》		
	压杆	拉杆（四级）	压杆（一～三级）	压杆（四级）	拉杆
150	120	180	120	180	300
规范 5.3.8 条	规范 8.4.1 条		规程 7.5.2 条		

注：表列数值适用于 Q235 钢，采用其他牌号钢材时，应乘以 $\sqrt{235/f_y}$。

中心支撑根据上面列表中规范控制指标控制局部稳定或长细比时，如果同时要遵守多本规范要求时，程序从严控制。对偏心支撑，设计人员应按《抗规》第 8 章的有关条款进行控制。钢结构中心支撑板件宽厚比限值见表 6.5.5。

表 6.5.5　钢结构中心支撑板件宽厚比限值

	《钢规》 GB50017—2003	《抗规》GB50011—2010				《高钢规》			
		一级	二级	三级	四级	一级	二级	三级	四级
工字形截面翼缘外伸部分	$(10+0.1\lambda)$　（第 5.4.1 条） $\lambda < 30$ 时，$\lambda = 30$ $\lambda > 30$ 时，$\lambda = 100$	8	9	10	13	8	9	10	13
圆管外径与壁厚比	100　（第 5.4.5 条）	38	40	40	42	38	40	40	42
工字形截面腹板	规范 5.4.2 计算 可以考虑有效截面	25	26	27	33	25	26	27	33
箱形截面壁板	40　（规范 5.4.3 条）	18	20	25	30	18	20	25	30
规范条文	规范 5.4.1~5.4.5 条	规范 8.4.1 条				规程 7.5.3 条			

注：表列数值适用于 Q235 钢，采用其他牌号钢材时，应乘以 $\sqrt{235/f_y}$；圆管应乘以 $235/f_y$。

3. 水平力作用下各层平均侧移简图（图 6.5.11 ~ 图 6.5.20）

通过这项菜单，设计人员可以查看在地震作用和风荷载作用下结构的变形和内力，内容包括每一层的地震力、地震引起的楼层剪力、弯矩、位移、位移角以及每一层的风荷载、风荷载作用下的楼层剪力、弯矩、位移和位移角。

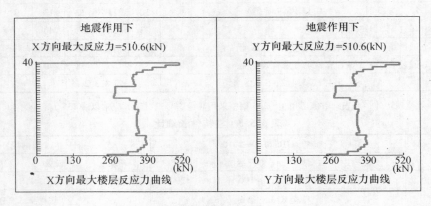

图 6.5.11　地震力

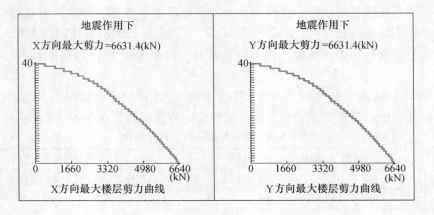

图 6.5.12　地震作用下层剪力

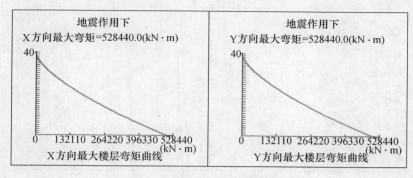

图 6.5.13　地震作用下楼层弯矩

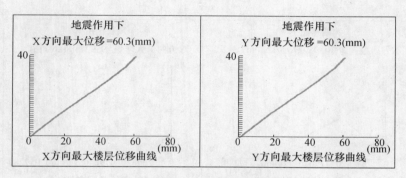

图 6.5.14　地震作用下楼层位移

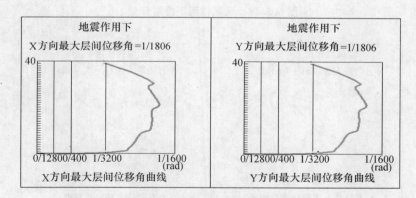

图 6.5.15　地震作用下层间位移角

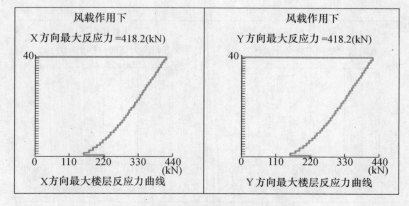

图 6.5.16　风载作用下楼层反应力

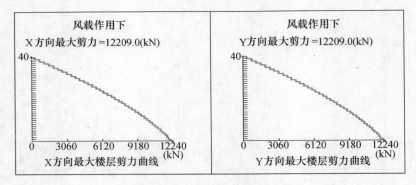

图 6.5.17　风载作用下楼层剪力

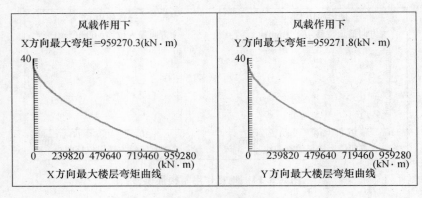

图 6.5.18　风载作用下楼层弯矩

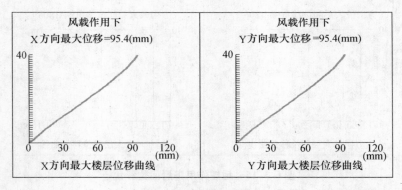

图 6.5.19　风载作用下楼层位移

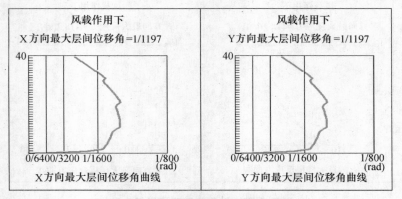

图 6.5.20　风载作用下层间位移角

4. 结构整体空间振动简图（图 6.5.21）

【分析】 从前面的文本文件输出中我们已经获知本工程第一振型为 X 向平动（平动系数为 1.0），第二振型为 Y 向平动（平动系数为 1.00），第三振型为扭转（扭转系数为 1.0）。参照图 6.5.21 可以更清楚地观察每个振型的形态，判断结构计算模型是否存在明显的错误，尤其在周期比计算不满足要求需调整时，一定要参考三维振型图，这样可以避免错误的判断。

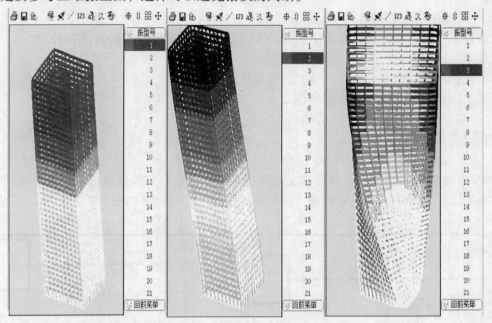

图 6.5.21 框筒结构在前三个振型下振动简图

6.5.3 三种计算方法的结果比较

对采用新旧规范版 PKPM 软件计算结果和简化手算结果进行比较，详见表 6.5.6。

表 6.5.6 框筒结构周期、地震力及顶点水平位移计算结果

计算结果 / 计算方法	新规范版 PKPM	旧规范版 PKPM	简化手算
X、Y 方向基本周期/s	2.9173	2.69	3.09
扭转周期/s	1.5522	1.7	—
风荷载作用下基底剪力/kN	12209	6552	7659
风荷载下顶点水平位移/mm	95.4	52.5	78
风荷载下最大层间位移角	1/1197（21层）	1/2187（22层）	1/1718（25层）
地震作用下基底剪力/kN	6631.4	5995	6515
地震作用下倾覆弯矩/kN·m	528440	464631	679360
地震作用下顶点水平位移/mm	60.3	46.9	66
地震作用下最大层间位移角	1/1806（22层）	1/2352（23层）	1/1763（25层）

通过对新旧规范版软件及手算计算结果分析比较可以得出：

（1）新、旧规范版本的 PKPM 及简化手算对周期的计算结果比较接近。

（2）风荷载作用下基底剪力、顶点水平位移、层间位移角三种方法计算结果相差较大。

（3）地震作用下基底剪力、顶点水平位移、层间位移角新旧版本软件计算结果比较接近。

（4）总的来说，在考虑地震作用下，新规范版 PKPM 计算结果更偏于安全。

6.6　结构方案评议及优化建议

1. 结构方案评议

（1）框筒结构布置规则，底层层高较大，形成薄弱层。

（2）第 1～7 层中间钢柱截面偏小，轴压比及应力超限，钢梁截面取值偏小。

（3）地震作用下最大层间位移角为 1/1806（22 层），规范限值为 1/800，结构偏刚。

2. 优化建议

（1）对中间钢柱及钢梁截面加大，调整后满足规范要求。

（2）可适当减小腹板框架和翼缘框架截面。

6.7　框筒结构施工图

经过 SATWE 计算以后，如果计算输出文件各项参数基本符合规范要求，就可以进入到 PKPM 软件中"墙梁柱施工图"菜单项，完成后续剪力墙和梁配筋施工图设计，如图 6.7.1 所示。

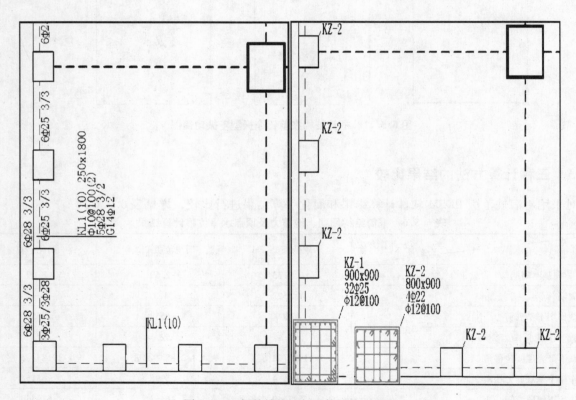

图 6.7.1　框筒结构局部梁柱结构平面图

后 记

经常有新毕业的学生问如何做好结构设计，我想，经过大学四年的学习，一般学生都应掌握了基本结构理论知识，缺少的就是规范理论与实际工程的结合及经验的积累。在当今计算机飞速发展的时代，理论与实际结合最好的办法就是熟练掌握一种结构设计软件，而经验是需要时间的沉淀和一生去感悟的。

在众多设计软件中，PKPM软件是目前最权威，最通用，版本更新最及时的结构设计软件，是大多数国内设计人员的首选。到目前为止，国内大约有9000多家设计院采用PKPM软件进行结构计算和绘图，是国内用户最多、应用最广的一个CAD系统。与其他结构设计软件相比，其优点在于PKPM的建模输入方式，上手容易，和规范结合紧密，计算结果和规范主要指标直接对应。后处理能够直接出施工图，极大提高了设计人员绘制施工图效率。

常听有些"专家"说PKPM软件如何如何，作为一名从事设计行业多年的一级注册结构工程师，我可以负责任地告诉大家，在这个"三天一多层"、"五天一高层"，"十天一大底盘多塔结构"外加无理由重复变更的飞速时代，要想在竞争激烈的设计行业有一立锥之地，熟练掌握PKPM软件设计是必须的。"专家"只是动动嘴，不用画图，而对于普通的设计人员来说，必须限时交出施工图纸，说多少都没用。因此，"工欲善其事，必先利其器"，PKPM软件既是我们实现效益最大化的一种工具，也是广大结构工程师工作中必不可少的利器。

美国结构顾问工程师Wayman C. Wing说过："对设计人员来说，时间就是金钱，如果我们不能找到一种快捷而又安全的方式进行设计，我们就失去了竞争力"。PKPM软件把结构设计人员从繁琐的计算和重复性的绘图中解脱了出来，不论其有多少缺点，但瑕不掩瑜。

当然各种结构计算软件都有其一定的适用范围和条件，有的还有不同程度的缺陷和这样那样的问题，它们自身还需要不断发展改进。结构计算软件正确运用的前提是，要求结构工程师具有清晰的结构概念，能建立准确地反映实际工作状态的结构计算模型，精心操作，对计算结果的合理性、准确性要仔细分析研究。但是，一个高层建筑结构通常有成千上万个数据信息需要输入，尽管近年来发展应用的人机交互输入模式使情况有所改善，但仍难保信息输入无差错发生。而差错一旦发生，后果不堪设想。如果设计人员对这些情况了解不透，盲目相信和一切依赖于结构软件的计算结果，将会导致两种可能：结构的不安全和材料的浪费。一方面设计人员必须对结构安全问题终身负责，马虎不得；另一方面如何降低造价又是业主最关心的，因此如何通过结构计算软件把概念设计和创新运用到实际工程中，做到既安全又经济是结构设计追求的永恒目标。

美国CSI公司的创始人，SAP和ETABS系列程序的原创开发者威尔逊教授在他的专著《结构静力与动力分析》开篇引述了这样一段话：

> 结构工程是这样的一种艺术：
> 使用材料
> 这些材料只能估算
> 建立真实的结构
> 这些真实的结构只能近似分析
> 来承受外力
> 这些力不能准确得知
> 以满足我们对公共安全职责的要求

当我们对结构的概念设计有深刻的认识之后，通过熟练使用结构计算软件，做出一个"尽善尽美"

的结构自然是水到渠成。在使用结构计算软件时，概念设计主要体现在结构布置合理、参数选取得当、构造措施符合规范要求等，具体内容详见本书各个章节论述。

古人云："取法乎上，得乎其中；取法乎中，得乎其下"。对于刚开始做结构的设计人员来说，直接聆听大师的指导，言传身教，是通向成功的最快捷径，靠自己摸索或者向同事学习，没有十年的功夫不敢说自己会搞结构。结构形式各种各样，一个人一辈子精力有限，要想穷尽所有结构形式是不可能的。而要直接师从于结构大师的门下对大多数人来说机会渺茫，但我们可以从前辈的经典范例中学习，以窥探结构设计的秘籍。

2012 年 3 月 24 日于日照

参 考 文 献

[1] 中华人民共和国住房和城乡建设部（GB50068—2001）建筑结构可靠度设计统一标准［S］. 北京：中国建筑工业出版社，2009.

[2] 中华人民共和国住房和城乡建设部（GB50223—2008）建筑工程抗震设防分类标准［S］. 北京：中国建筑工业出版社，2008.

[3] 中华人民共和国住房和城乡建设部（GB50009—2001）建筑结构荷载规范［S］（2006 年版）. 北京：中国建筑工业出版社，2002.

[4] 中华人民共和国住房和城乡建设部（GB50011—2010）建筑抗震设计规范［S］. 北京：中国建筑工业出版社，2010.

[5] 中华人民共和国住房和城乡建设部（GB50010—2010）混凝土结构设计规范［S］. 北京：中国建筑工业出版社，2010.

[6] 中华人民共和国住房和城乡建设部（JGJ3—2010）高层建筑混凝土结构技术规程［S］. 北京：中国建筑工业出版社，2010.

[7] 中华人民共和国住房和城乡建设部（GB50017—2003）钢结构设计规范［S］. 北京：中国计划出版社，2003.

[8] 中华人民共和国住房和城乡建设部（GB50007—2002）建筑地基基础设计规范［S］. 北京：中国建筑工业出版社，2002.

[9] 中华人民共和国住房和城乡建设部（JGJ149—2006）混凝土异形柱结构技术规程［S］. 北京：中国建筑工业出版社，2006.

[10] 中华人民共和国住房和城乡建设部（JGJ99—98）高层民用建筑钢结构技术规程［S］. 北京：中国建筑工业出版社，1998.

[11] 中华人民共和国住房和城乡建设部（JGJ94—2008）建筑桩基技术规范［S］. 北京：中国建筑工业出版社，2008.

[12] 国振喜，等. 实用建筑结构静力计算手册［M］. 北京：机械工业出版社，2009.

[13] 王文栋. 混凝土结构构造手册［M］. 3 版. 北京：中国建筑工业出版社，2003.

[14] 中国建筑科学研究院 PKPMCAD 工程部. PMCAD 用户手册及技术条件（2010 版）［M］. 2011.

[15] 中国建筑科学研究院 PKPMCAD 工程部. PKPM 结构系列软件用户手册及技术条件（2010 版）［M］. 2011.

[16] 陈岱林，等. PKPM 多高层结构计算软件应用指南［M］. 北京：中国建筑工业出版社，2010.

[17] 全国民用建筑工程设计技术措施—2009（结构）［S］. 北京：中国计划出版社，2009.

[18] 傅学怡. 实用高层建筑结构设计［M］. 2 版. 北京：中国建筑工业出版社，2010.

[19] 方鄂华，等. 高层建筑结构设计［M］. 北京：中国建筑工业出版社，2003.

[20] 郁彦. 高层建筑结构概念设计［M］. 北京：中国铁道出版社，1999.

[21] 高立人，等. 高层建筑结构概念设计［M］. 北京：中国计划出版社，2005.

[22] 马尔科姆. 米莱. 建筑结构原理［M］. 北京：中国水利水电出版社，2002.

[23] 姜学诗. SATWE 结构整体计算时设计参数的合理选取［J］. 建筑结构技术通讯，2012，（1）.

[24] 将海云. 对周期比的理解［J］. 建筑结构技术通讯，2012（1）.

[25] 钟阳，李海山. "减法" 思维是实现 "墙柱弱梁" 的有益补充［J］. 建筑结构技术通讯，2011（9）.

[26] 方勇，刘宪玮. 浅谈 SATWE 软件计算多高层结构的步骤［J］. 建筑结构技术通讯，2012（7）.

[27] 赵兵. 规定水平力的概念和软件应用［J］. PKPM 新天地，2011（2）.

[28] 朱炳寅. 建筑结构设计问答及分析［M］. 北京：中国建筑工业出版社，2009.

[29] 张元坤，李盛勇. 刚度理论在结构设计中的作用和体现［J］. 建筑结构. 2003（2）.

[30] 郭华锋，等. 2010 新规范版 PMCAD 改进介绍［J］. PKPM 新天地，2011（2）.

[31] 刘民易，等. 结构设计中楼板作用的考虑［J］. PKPM 新天地. 2011（2）.

机械工业出版社建筑图书推荐

《简明钢筋混凝土结构计算手册》（第2版）

国振喜 主编

本书具有技术标准新，实用性强，应用方便等特点。全书按表格化、图形化编写，简单明了，查找迅速，应用方便，可节省工作时间，提高设计效率。本书可供广大建筑结构设计人员、施工人员及监理人员使用，也可供大专院校土建专业师生及科学研究人员使用与参考。

书号：978-7-111-37194-6　　定价：149.00元

《钢结构工程造价控制与预决算》

黄健 主编

本书运用最简单、最直接的手法进行编写，其主要特点是：知识全面、语言精练、图文确切、资料齐全，经常使用可大幅提高编制预算的效率。本书可作为钢结构造价管理人员的参考用书，也可供钢结构设计施工人员参考，同时也可作为工程造价者的自学速成教材或岗位培训教材。

书号：978-7-111-36496-2　　定价：49.00元

《智能建筑工程施工及验收手册》

张立新 主编

本书图文并茂，通俗易懂，可读性强，可供从事建筑电气设计、监督、建设、监理、施工单位工程技术人员及现场操作者作为质量验收和技术交底及施工的依据，也可供非电气专业管理人员学习参考。

书号：978-7-111-36521-1　　定价：69.00元

《混凝土结构简易计算》（第2版）

上官子昌 主编

全书共分为十一章，内容包括：一般构造计算，受弯构件计算，受压构件计算，受拉、受扭、受冲切和局部受压计算，其他结构构件计算，正常使用极限状态验算，模板工程施工计算，钢筋工程施工计算，预应力混凝土工程计算，混凝土工程施工计算，冬期施工计算。

书号：978-7-111-36812-0　　定价：59.00元

《钢结构快速设计与算例》

上官子昌 主编

本书结合"知识树"和"提纲式"的两大编写方式，运用最简单、最直接的手法进行编写，分别从钢结构设计与计算基本规定、钢结构构件连接算例、基本构件计算、轻型钢结构设计算例、钢与混凝土组合梁、钢结构防锈以及抗火设计等方面，详细阐述了钢结构设计的结构形式和计算方法。附录部分给出了常用的设计数据表和一些计算方法，便于读者学习和设计时查用。

书号：978-7-111-36360-6　　定价：49.00元

《混凝土结构设计禁忌手册》（第2版）

上官子昌 主编

本书内容源于新规范，具有较强的实用性和可操作性，方便查阅，适合于建筑结构设计人员使用，也可供相关技术人员和大专院校相关专业师生参考。

书号：978-7-111-36452-8　　定价：36.00元

《建筑钢结构设计与施工实用技术》

姜晨光 编著

本书可作为建设主管部门工作人员、土木工程企业管理人员、土建工程设计及施工人员、土建工程建设及管理人员、工程勘察工作者、建筑钢结构研究者的参考用书，还可作为各类教育层次的土木工程专业学生的课外辅助教材。

书号：978-7-111-37426-8　　定价：42.00元

《PKPM结构系列软件应用与设计实例》（第4版）

李星荣 王柱宏 主编

本书可帮助设计人员快速掌握该软件操作技巧，并且熟练使用软件。通过对工程实例的理解和PKPM结构系列软件的应用可掌握设计的精华。

本书可供建筑结构设计人员、审图人员、施工人员及高等院校师生参考与使用。

书号：978-7-111-36652-2　　定价：46.00元

读者调查问卷

亲爱的读者：

　　感谢您对机械工业出版社建筑分社的厚爱和支持，并再次对您填写并寄出（或传真或 E-mail）下面的读者调查问卷表示由衷地感谢！

　　请邮寄到：北京市百万庄大街 22 号机械工业出版社　建筑分社　收　邮编 100037

　　电话或传真：010—68994437　E-mail：xuejg118@ SOHu. com

读者调查问卷

<table>
<tr><td colspan="2">姓名</td><td></td><td>性别</td><td>□男</td><td>□女</td><td>年龄</td><td></td></tr>
<tr><td rowspan="5">有效联系方式</td><td colspan="2">地址</td><td colspan="3"></td><td>邮政编码</td><td></td></tr>
<tr><td rowspan="3">电话</td><td>手机/小灵通</td><td></td><td rowspan="3">网络</td><td>Email</td><td colspan="2" rowspan="3"></td></tr>
<tr><td>住宅</td><td></td><td>QQ/MSN</td></tr>
<tr><td>办公室</td><td></td><td>其他即时方式</td></tr>
<tr><td colspan="2">现从事专业</td><td></td><td colspan="2">从事现专业时间</td><td></td><td>所学专业</td><td></td></tr>
<tr><td colspan="2">现有职称</td><td colspan="6">□建筑师　□建筑工程师　□土木工程师　□结构工程师　□建造师　□公用设备工程师
□咨询工程师　□房地产估价师　□城市规划师　□设备监理师　□造价工程师
□电气工程师　□安全工程师　□房地产经纪人　□化工工程师　□其他</td></tr>
<tr><td colspan="2">教育程度</td><td colspan="6">□初中以下　□技校/中专/职高/高中　□大专　□本科　□硕士及以上</td></tr>
<tr><td colspan="2">个人平均月收入(元)</td><td colspan="6">□1000 以下　□1000～2000　□2000～3000　□3000～5000
□5000～8000　□8000～12000　□12000 以上</td></tr>
<tr><td colspan="2">购书名称</td><td colspan="6"></td></tr>
<tr><td colspan="2">本书购买方式</td><td colspan="6">□书店　□网上书店　□邮购　□上门推销　□其他</td></tr>
<tr><td colspan="2">促使您决定购买的直接原因</td><td colspan="6">□内容　□书名　□封面　□现场人员推荐　□报纸/期刊广告
□电视/网络广告　□同事/同行/朋友推荐　□其他</td></tr>
<tr><td colspan="4">您愿意收到与您职业/专业相关图书的信息</td><td colspan="4">□愿意　□不愿意</td></tr>
<tr><td colspan="8">您有何建议？

</td></tr>
</table>

注：1. 可选择项目用笔在□划"√"即可。

　　2. 对信息填写完整的读者，我们将努力为您的职业发展提供更多量身定做的贴心服务（如提供相关职业图书信息，机械工业出版社及其合作伙伴的信息或礼品等）。